KB267850

기업을 위한 모빌리티

기업을 위한 모빌리티

발행일   2018년 2월 14일

지은이   김 진 병
펴낸이   손 형 국
펴낸곳   (주)북랩
편집인   선일영   편집   오경진, 권혁신, 최예은, 최승헌
디자인   이현수, 김민하, 한수희, 김윤주, 허지혜   제작   박기성, 황동현, 구성우, 정성배
마케팅   김회란, 박진관, 유한호
출판등록 2004. 12. 1(제2012-000051호)
주소   서울시 금천구 가산디지털 1로 168, 우림라이온스밸리 B동 B113, 114호
홈페이지 www.book.co.kr
전화번호 (02)2026-5777   팩스   (02)2026-5747

ISBN   979-11-5987-961-6 13560 (종이책)   979-11-5987-962-3 15560 (전자책)

(주)북랩 성공출판의 파트너

북랩 홈페이지와 패밀리 사이트에서 다양한 출판 솔루션을 만나 보세요!

홈페이지 book.co.kr   •   **블로그** blog.naver.com/essaybook   •   **원고모집** book@book.co.kr

기업을 위한 모빌리티

ENTERPRISE MOBILITY

초고속 IT세상 따라잡는 최고의
모바일리스트 되기

북랩 book Lab

차례

1 모바일 솔루션 진화

2 산업용 모바일 Industrial Mobility

3 산업용 모바일의 자동인식 기술

4   모바일 OS

　'기업 모바일 관리'란 무엇이고 어떻게 하는 것인가?라는 질문은 이미 명확한 답이 나온 지 몇 해가 지났다. 하지만 국내 시장에서는 이러한 질문과 답 모두 충분히 준비되어 있지 않다. 실제로 필요한 시간을 임원진에서 허락하지 않고 일을 급하게 추진하는 것을 보아온 것도 이유 중 하나이고, 모바일의 영역 구분과 숨은 과제들을 과소평가하는 것도 눈에 보이는 원인이다. 또한 기존 상식으로 접근하면 모바일의 현실은 100% 배신을 하게 되어 있고, 시대가 아직 도래하지 않았다는 결론을 개인이 혹은 조직이 내리는 것을 보아왔다.

　사물인터넷 시대로 향하고 있는 가운데, 모바일 활용도, 개발, 시스템 통합 그리고 제조에서 상위를 항상 점유하고 있는 한국이 오히려 '기업 모바일/모빌리티' 영역에서는 초반 도입에 숱한 실패를 겪었다. 국내 기업 모빌리티가 타 국가보다 늦게 자리잡고 있는 현실이 아이러니하다. 필자는 많으면 하루 3회 고객사와 미팅을 가지며, 모바일 관리 이해의 어느 부분이 표준을 벗어났는지와 어떤 부분을 채워야 하는지를 꾸준히 연구해 왔다. SOTI라는 기업에 입사하기 4년 전부터

‘기업 모바일 관리’가 필수인 사업 분야에서 활동을 했고, SOTI를 다니고 있던 지난 겨울, 기업 모빌리티와 관련해 어떤 메시지를 전달해야 할 시점에 드디어 다다르게 됐음을 인식하고 집필을 시작했다.

독자들은 이 책을 통해 모바일이 성장해 온 배경을 엿볼 수 있고, 모바일의 세부 분야를 구분할 수 있을 것이다. 나아가 모바일이 장악해 온 한 시대의 전과 후, 그리고 보이지 않는 곳에 존재하는 분야까지 간접 체험할 수 있기를 희망한다.

2018년 1월
김진병

모바일 솔루션 진화

A. MDM의 시초

1995년 캐나다의 한 시외 근교, 마이크로소프트에 재직 중인 소프트웨어 개발자 'S'는 자신의 거처 지하실 작업실에서 사업을 연구한다. 직장에서의 안정적인 위치에 만족은 하였으나, 개발자는 때로 뼛속까지 '개발'에 집착을 한다. 개발자 S는 시장성을 고민하던 중, 산업 컴퓨팅 환경에서 영감을 얻게 된다.

당시의 북미 기업들은 Handheld라는 명칭의 모바일 기기, 노트북을 자산으로 보유하는 것이 일반적이었다. 지금 우리가 사는 시대에 비하면 생산성은 아주 원초적일 것이지만, 기기를 운용하는 직원들은 일반 사무직이 아니고, 인건비가 높으며, 현장이동이 상시 있는 인력들이었다. 기업이 특정 목적으로 용도를 기획하여 프로세스와 솔루션을 도입할 시, 많은 비용을 소프트웨어와 하드웨어에 투입하여 몇 배 더 많은 생산성과 비용 대비 효율을 가져왔다. 지금도 그러한 움직임은 동일하지만, 20년 전 시기에는 더욱 큰 도전 과제였다. S는 이 부분에서 시장성이 있다는 영감을 얻게 된다. 기업들이 다량으로 기기를 도입할 수 있어도, 필요한 현황과 내역들을 한눈에 관리할 수 있는 시스템은 출시된 적이 없었다. 마이크로소프트 사에 재직하던 때였으므로, 시장 정보에 대한 접근은 어렵지 않았을 것이다. 그렇게 하여 기업용 소프트웨어의 개발이 시작된다.

첫 베타 버전이 완성되고, S는 부수입을 기대해 본다. 워낙에 세금이 높은 캐나다에 거주하다 보니, 마이크로소프트로부터 높은 연봉을 받아도 결혼 후 가족 생계를 짊어진 S에게는 생활이 그렇게 안락하지는 않았다.

적어도 연간 20,000 캐나다달러(CAD) 정도의 부수입을 목표로 S는 베타버전의 소프트웨어를 정식 출시한다.

많은 사업이 첫 해는 조용하고 서서히 성장한다는 통념이 있었으나, S가 시장에 선보인 베타버전에 대한 기업 고객들의 반응은 뜨거웠다. 많은 기업에서 컴퓨팅 장비 관리의 필요성이 대두되었고, 장비 관리의 패러다임을 받아들이게 된다. 단순한 부업으로 소프트웨어 벤더를 기획했던 S는 예상하지 못한 주문과 폭주하는 컨설팅 요청으로 바쁜 나날을 보내게 된다. 작업공간이었던 지하실을 사무실로 꾸미고, 함께 살고 있는 아내와 장모까지 사무 지원에 동참한다. 판매와 보급률은 빠른 속도로 증가하고, S의 소프트웨어 버전은 OS에 맞춰 계속 진화한다.

윈도 OS 모바일의 시대로 진입하며 S의 소프트웨어는 기업 환경에서 더욱 용이해진다. Windows CE(Compact Edition) 코어를 기반으로 하는 Pocket PC기반의 기기들도 등장하고, 산업 자동화를 위해 자동인식 모듈이 장착된 PDA 시장이 열리며 S의 소프트웨어는 제조사들 기

기 판매에 맞물려 초고속 성장을 거듭한다. 이렇게 기기 관리의 생태
계를 시작한 최초의 Mobile Device Management 소프트웨어는 캐
나다 미시소거에 기반을 두고 있는 SOTI 사가 보유한 MobiControl이
다. 소개된 개발자 S는 현재의 대표이사 Carl Rodrigues이다.

윈도의 Embedded OS기반으로 OEM 모바일 기기들이 대거 출시되
고, 산업용 모바일 글로벌 시장을 장악하며, 2000년도 중후반은 모바
일 산업자동화의 전쟁터가 된다.

B. 1st Wave : MDM(Mobile Device Management)

소프트웨어의 수준은 이미 IoT까지 접목되어, 일반인이 생각할 수 있
는 범위를 넘어선 지 오래되었음에도 불구하고, 국내에서는 'MDM'이
라는 인식으로 자리잡고 있다. 물론 모바일 생태계가 광범해지며 차
세대 개념이 떠오르기 전까지는, MDM이 앞서 '시초' 단락에서 설명된
역사를 통해 등장하고, 기기 관리의 시대를 성숙시킨 것이 맞다. 국내
의 일부 전문가들은 MDM이 2010년 전후에 생성된 것으로 알고 있는
경우가 있었다. 그러나 MDM은 하드웨어의 진화에 초점을 맞추어야
했던 최소 10년 이상의 진화과정이 있었다.

MDM은 한 마디로 요약하면 말 그대로 '모바일 기기 관리' 혹은 '모바
일 단말기 관리'이다. 글로벌화한 특정 시장 분야에서 이제는 필수가
된 지 오래 되었다. 국내 시장에서는 내수 거래의 특성으로 진입장벽
이 높았고, 최초 마케팅의 방향이 '보안'으로 잡혀 현 시점에도 MDM
을 스마트폰 보안으로 여기는 유저들이 상당히 많다. 필자가 이 책을
집필할 결심을 한 계기도 여기에 있다. 단지 필자가 업계에 몸담은 입
장을 떠나, 최소 지난 5년동안 MDM에 대한 이해와 인식이 실제 필요

한 현실과 너무나도 동떨어져 있다는 것을 목격했기 때문이다.

한국은 지난 수년간 모바일 기기 제조 역량을 막강하게 세계 시장에 입증하여 왔고, 통신속도와 활용도면에서 글로벌 상위에 위치하고 있음에도, 정작 MDM이라는 기본적인 개념이 적시에 도입되지 못하였다. 시장이 형성되기 위해서는 고객이 있어야 하고, 시장을 개척하고자 하는 제조, 공급사는 고객들을 확보하는 부분에 필요한 많은 활동을 해야 한다. 여기에는 여러 배경들이 존재하지만, 확실한 사실은 마케팅이 결여돼 있다는 것이다. 외산/국산 MDM 벤더 모두 솔루션 개념이 정착되지 않는 국내 그라운드에서 당사자들이 개발한 소프트웨어의 원초적인 홍보만 하였그, 그 결과로 MDM의 전체적인 내용이 기업과 청중들에게 전파될 수 없었다. '모바일 보안'이라는 개념을 없애고 나면, "왜 우리 회사가 MDM이 필요하죠?"라는 질문에 임팩트 있는 답을 줄 수가 없는 것이다.

모바일 기기 관리―용도는 고객들이 적용하는 방향에 따라 굉장히 다양해질 수 있다. 물론, 기존의 사례들을 도입하는 안전한 방향도 있다. 공통된 기초 개념을 살펴보자. 모바일 기기 관리의 시작은 하드웨어 레벨로부터이다.

- 디스플레이
- MicroUSB 혹은 OTG
- WWAN: 3G/LTE 모뎀
- WLAN: 와이파이
- 전/후방 카메라
- 마이크

- NFC(산업용 기기에는 RFID리더가 장착되는 경우도 있음)
- 홈 키
- 블루투스
- MicroSD 카드
- GPS

위의 하드웨어 구성요소는 스마트폰과 특수용도의 모바일 단말기에서 대부분 공통적인 반면, 산업용으로 분류되는 하드웨어에는 다음의 하드웨어 기능들이 추가될 수 있다. 이러한 기능들을 탑재한 단말기들은 제조사가 해당 기능들의 API(운영 체제나 프로그래밍 언어가 제공하는 기능을 제어할 수 있게 만든 인터페이스)를 MDM 개발업체에 계약해 제공함으로써 고유한 관리와 제어 구현이 가능하다.

- 1D 바코드 스캐너
- 2D QR코드 스캐너
- UHF RFID 리더
- eID리더
- MSR(자기띠 판독기 - 신용카드 등) 리더
- IC 카드 리더
- 모바일 일체형 프린터

모바일 기기 내에서 무엇이 관리 대상인지 대략 살펴보았다. 그렇다면, IT Administrator—관리자는 무엇을 어떻게 할 수 있는가? 업계에서 사용하는 표현 중 하나는 'Management Primitive'이고, 다음과 같은 형태이다.

i. 관리 콘솔

Console은 관리자 입장에서 매우 역할이 많고, 일부 국내 고객들은 입맛에 맞추어 인터페이싱(통상적으로 다른 소프트웨어의 출력물과 한 화면에 필요한 데이터 및 차트를 개별 통합한 걸 지칭함)을 요구하기도 하지만, MDM은 개발업체가 완제품으로 내어놓은 콘솔형태에 이미 충분한 연구와 유저 피드백이 녹아 있으므로, 있는 그대로를 사용하는 것이 바람직하다. 과도한 커스터마이징은 개발업체와 고객사 사이에 불필요한 갈등을 유발해 왔음이 입증되어, 타 국가와 마찬가지로 이제 국내 고객들도 제품 검토를 통해 현 시점에서 가능한 기능영역을 연구하여 도입하는 추세로 이동하고 있다.

SOTI MobiControl의 경우, 대시보드 화면에서 6개 단락의 통계를 상시 업데이트하여 콘솔에서 나타낸다.

그림 1-1 SOTI MobiControl 콘솔 대시보드

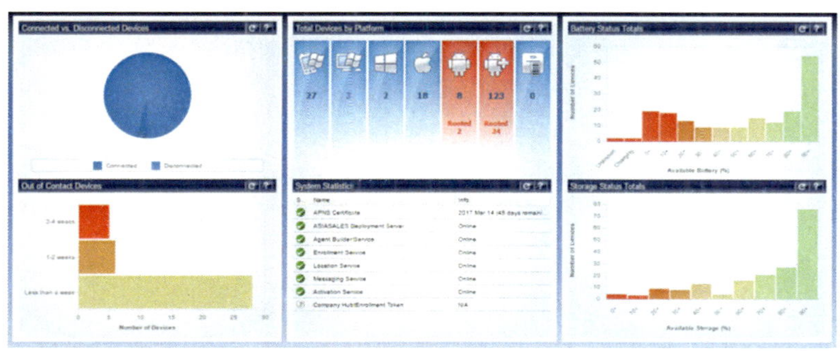

MDM 영역에서만큼은 독보적으로 글로벌 선두인 이 소프트웨어는 대

시보드에서 다음을 표현한다.

- 연결된 기기 / 연결해제된 기기
- 운영체제 플랫폼별 등록된 기기 수
- 기기별 배터리 상태
- 접속이 불가해진 기기 목록
- 시스템 통계
- 저장소 상태

리포팅 툴과 매우 유사하므로, 표현하고자 하는 내역은 필요에 따라 조절되어 실시간 출력될 수 있다.

SOTI의 경쟁사인 모바일 아이언(MobileIron)도 고유의 리포팅을 통해 관리자가 원하는 내역을 화면에 출력한다.

그림 1-2 모바일 아이언 리포팅 툴

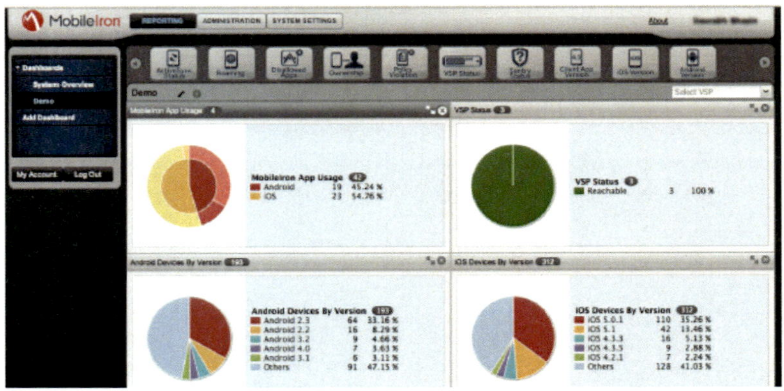

다음은 최근 글로벌 점유 1위를 보유한 에어워치(AirWatch)의 관리
자 콘솔이다. 역시 고유의 데이터를 출력, 표현하고 있다. 에어워치
는 MDM 영역에서보다 특유의 유동성으로 BYOD(Bring Your Own
Device: 임직원 개인 보유 단말기 업무 적용 방식) 시장에서 강세를 보인 바
있다.

그림 1-3 에어워치 관리 콘솔

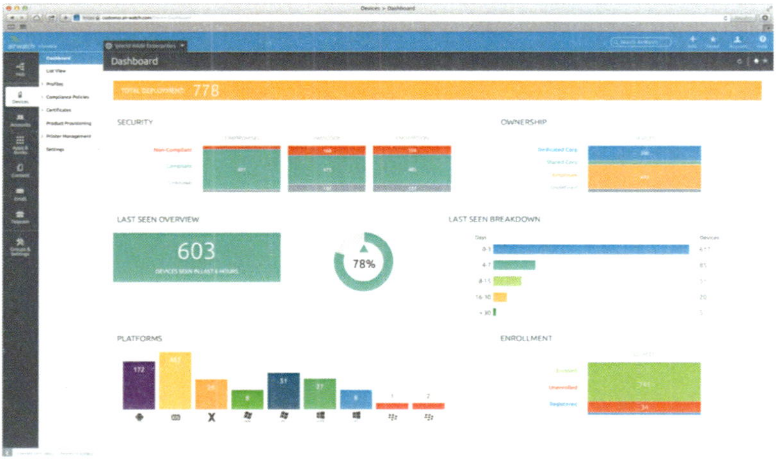

ii. 실시간 단말기 조회

관리자는 원하는 때에, 화면에서 가장 적게 이동하고 최소한의 클릭
수로 단말기의 다양한 상태 내역을 조회를 할 수 있기를 바란다. 물
론, 개발업체의 과제는 이러한 시장의 요구사항을 따라가는 것보다,
다양한 고객사의 환경을 항상 연구하여 매 버전 출시마다 고객사의
예상을 뛰어넘는 성능을 보여주는 것이다.

SOTI는 기기 그룹을 트리구조로 무한 확장을 지원하며, 관리자가 바

로 조회하기를 원하는 기기의 10가지 이상 내역을 중앙 화면에 상하 좌우 스크롤로 조회할 수 있고, 선택된 기기의 모든 내역을 우측 아코 디언 창에서 활동로그를 포함하여 볼 수 있도록 한다. 상단탭에는 지 원하는 운영체제 플랫폼 선택을, 하단탭에는 정책과 앱 관리(MAM), 콘 텐츠 관리(MCM) 및 보안 기능을 선택할 수 있도록 한다.

그림 1-4 SOTI MobiControl 기기 조회 화면

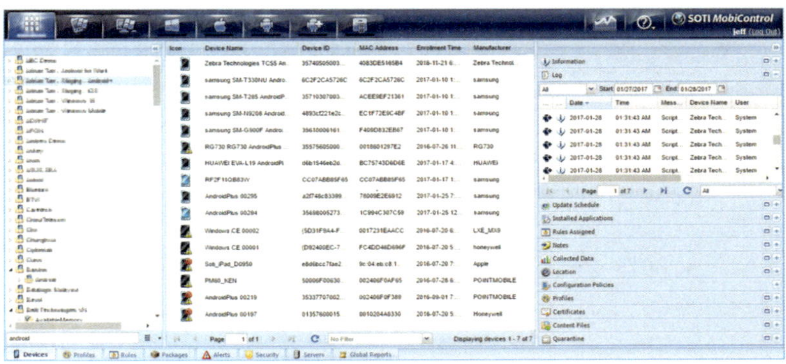

2012년도부터 글로벌 시장에서 굉장한 강세를 보였던 아파리아(Afaria-현재 SAP에 인수되어 SAP Afaria임)는 사용자, 기기 중점의 조회를 지원한 다. AirWatch도 유동적으로 유사한 세팅을 구현할 수 있으며, 특정 고객사들은 이러한 조회방식을 추구한다.

 SAP Afaria 기기 조회 화면

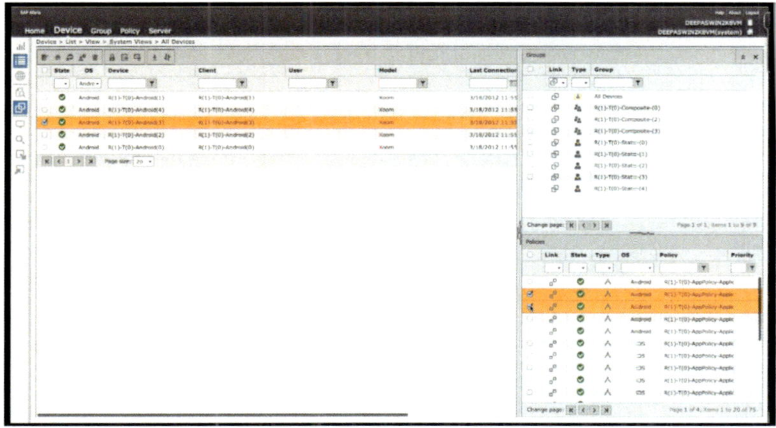

iii. LBS(Location Based Service) - 위치기반 서비스

MDM을 처음 접하는 고객사들이 가장 뜨겁게 반응하는 기능이다. 모바일 기기에 내장된 GPS를 활용하여, 관리의 일환으로 기기 위치 추적 및 가변적 정책 적용을 실행할 수 있다.

그림 1-6 SOTI MobiControl 위치기반 서비스

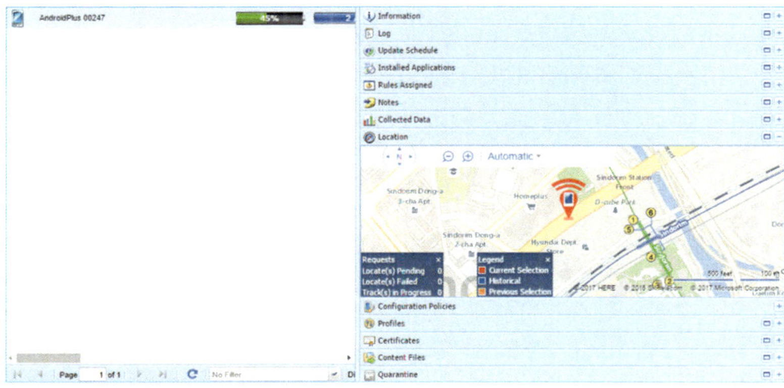

AirWatch 또한 매우 유사한 LBS기능을 제공한다. 하기의 화면에는 기기의 이동경로 히스토리가 나타나 있고, 대부분의 글로벌 MDM의 위치기반 서비스 또한 동일한 기능을 제공한다.

 AirWatch 위치기반 서비스

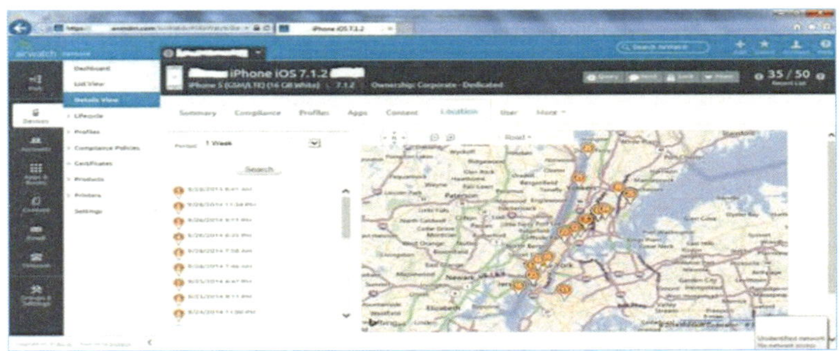

iv. 사용자 모니터링

유저는 상시 기기 남용 혹은 업무 외 행위에 쉽게 노출된다. 정책적으로 많은 부분이 해결될 수 있지만, 관리자의 감독이 일정 수준에 이루어져야만 가능한 부분들이기도 하다. 또한, 보안에 민감한 기업은 업무 간 사설망 접속을 금지하는 경우도 있고, 의도치 않게 접속을 한 유저에게는 필히 알려줘야 하는 관리적 책임도 따른다. 이러한 다양한 변수 관리를 위해 사용자 행위 모니터링을 MDM은 기본적으로 지원한다.

 SOTI MobiControl 사용자 모니터링

v. 기기 정보

MDM의 가장 기초라고 할 수 있다. 서버에 등록된 모바일 기기들의 내부 현황을 실시간으로 조회할 수 있다. 또한 특정 법인이 기기와 서비스를 유료로 공급하는 경우, 기기의 관리기준 정보인 일련번호 (Serial Number) 혹은 IMEI 번호가 나타나는 것은 필수이다. 그 외에도, 앱과 운영체제 간 안정성의 기준인 OS version, 기기의 물리적 상태를 나타내는 각종 정보, 네트워크 접속 상태까지 유저가 기기상에서 조회할 수 있는 모든 정보를 관리자는 볼 수 있어야 한다.

Name	Value
Hardware Details	
WiFi Network (SSID)	Centro_Music_Studio
WiFi Signal	-71dB (47.5%)
Main Battery Status	67%
Memory	1 / 1 GB
Used Memory	1.02 GB
Available Memory	326.59 MB
Total Memory	1.34 GB
System Storage	10 / 12 GB
Used System Storage	9.82 GB
Available System Storage	2.00 GB
Total System Storage	11.82 GB
Internal Storage	10 / 12 GB
Used Internal Storage	9.82 GB
Available Internal Storage	1.98 GB
Total Internal Storage	11.81 GB
Platform	Android Plus
OS Version	6.0.1
Manufacturer	samsung
Model	SM-J700F
Agent Version	13.0.0.33861 (ELM)
Supported APIs	Samsung MDM v5.5, Samsung RC v1, Samsung KNOX v2.2

vi. 앱 현황 조회

기업에는 민감한 내용이다. 정책적으로 모든 것을 통제할 수 있지만, 내역은 역시 항상 조회가 가능해야 한다. 이 기능은 모바일 앱 관리 (MAM)의 기준정보가 되며, 이러한 조회 기능은 역시 MDM의 일부이다. 앱 관리 정책을 적용할 시, 무엇을 막아야 하고 무엇을 열어야 할지 설정하는 과정에서 이 현황 창을 통해 명확한 앱 정보를 입력할 수 있다.

vii. 콘텐츠 조회

나중에 소개되겠지만, 앱과 콘텐츠 관리는 MDM 이후에 시장에 도입되었다. 모바일 생태계가 빠른 속도로 확장되며 관리의 필요성이 불가결하게 되었기 때문이다. 방식은 각기 여러 가지이지만, 다수의 앱을 패키지로 압축하여 기기에 뿌려주는 방식도 있고, 강제 설치도 가능하며, 업무 관련 파일들을 번거로이 이메일 혹은 클라우드를 통해 전송하는 대신 MDM을 통해 배포업무 일원화를 할 수 있다. 또한 기간 설정을 통해 서버 용량 관리도 가능하다. 어떠한 배포업무가 연관되어 있는지 관리자는 조회와 편집이 가능해야 하며, 이 또한 관리 콘솔에서 표현된다.

 SOTI MobiControl의 콘텐츠 현황 조회

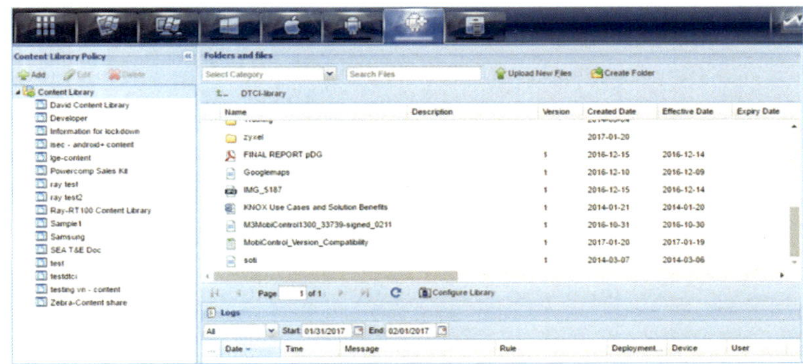

MDM은 오랜 세월 동안 성숙된 만큼, 소개할 수 있는 방향이 다양하다. 처음 접하는 고객사에는 환경을 앞서 파악하여 맞춤형 컨설팅을 준비하여 진행하는 것이 가장 효율적이고, 연구를 오랫동안 해 온 고객사는 미팅 시 즉각적 맞춤 가이드를 제공해야 업무 진행 상 지연을 방지할 수 있다. 1장에서 소개된 MDM관련 내용들이 잘 이해가 되었다면, 5장에서 더욱 세부적으로 다룰 내용들에서 현실적인 감을 얻을 수 있을 것이다.

C. 2nd Wave: EMM(Enterprise Mobility Management)

i. EMM = MDM + MAM + MCM

국내 시장에서 EMM이 무엇인지 알고 있는 기업들은 국내업체들이 주관하는 세미나에 참석해 본 경험이 있거나, 관련 뉴스를 꾸준히 읽어보았을 것이다. 대다수의 국내 고객사는 EMM과 MDM의 구분없이 아직 꾸준히 'MDM'으로 일괄한다. 모바일 트렌드와 이에 대한 명칭 정의는 주로 정보기술연구 업체인 가트너(Gartner Inc, NYSE: IT)가 리드한다. 시즌이 도래하면 글로벌 개발업체들과 많은 정보를 교환하고 인터뷰를 시행하며, 시장에 그 결과물을 반영한다. EMM이라는 명칭도, 그 이후의 개념 명칭도 그러한 과정들을 통해 생성되었다.

EMM은 Enterprise Mobility Management의 약어로, '기업 모빌리티 관리'이다. 문자 그대로, 기기 관리 중점이 MDM에서 한층 더 진화한 개념이다. Gartner는 2014년 Magic Quadrant를 발표하며, 2013년까지 다루었던 MDM 개념에서 공식적으로 이동하였다. 이 점만 보아도 MDM이 얼마나 오랜 기간 동안 시장에서 발전해 왔는지 짐작할 수 있다. EMM으로 트렌드가 전환되었을 시점에는 이미 글로벌 시장에서 강력한 지각변동이 발생한 후였다. IBM, VMware 및 SAP등 세계 각 도처에 판매 네트워크를 구축한 대기업들이 경쟁력 있는 MDM 업체를 인수한 것이다. 이후, Gartner의 Magic Quadrant에 EMM 강호의 구도가 더욱 명확히 그려졌고, Gartner의 집계에 나타난 것만으로도 글로벌 인지도를 주장할 수 있다고 알려졌다. Leader, Visionary등의 개념을 사용한 Gartner 외에도, 미국의 시장 리서치 펌인 Radicati Group도 Gartner와 동일한 전개를 펼쳤으며, 정확도 높은 자료를 제공하는 것으로 유명한 시장조사 및 컨설팅 기관 IDC는 시장 점유율을 기준으로 EMM을 분석했다. EMM의 기업인수 배경은 '7장 EMM 생태계 변화'에서 더 소개하도록 하겠다.

그렇다면 EMM은 정확히 두엇인가? 앞서 간략히 소개를 했지만,

MDM 이후에 모바일 앱 관리(Mobile App Management)로써 MAM이, 모바일 콘텐츠 관리(Mobile Contents Management)로써 MCM이 도입되어 총체적으로 진화한 것이다.

ii. MAM: 모바일 앱 관리 Mobile App Management

MDM 시대에서 전 세계의 기업들은 모바일 기기 보유 형태가 다양해졌고, 이보다 더욱 빠르게 진화한 것은 '앱 생태계' 였다. 더욱 전문적인 기업용 앱 운용이 연구되며, MAM이 본격적으로 등극하였다. 지금 이 순간도 각 기업은 기기 관리 이외에도 '앱 관리'에 대한 도전과제를 계속 수행하고 있다. 이 과제들을 온전히 해결한다면 보안 이슈도 해결할 수 있고, 임직원과 고객사들의 모바일 업무 적용도 최소의 비용으로 해결 가능하기 때문이다. 기업의 모바일 운용에 대한 상세한 소개는 '5장: 모바일 관리 유형'에서 할 것이고, 지금은 기본적인 내용을 다루도록 하겠다.

1) 블랙리스트 Blacklist와 화이트리스트 Whitelist

가장 큰 개념의 관리로, 앱의 Blacklist와 Whitelist 운용이 있다. 간단하고, 관리자가 이러한 정책을 각 다른 부서와 조직에 적용하기에도 매우 편리하다. Blacklist는 말 그대로 업무에 불필요한 일반적인 앱들을 차단하는 것이다. 필자가 접한 고객 사례들 중 임직원들의 업무용 기기 남용의 대표적인 3가지 사례는 다음과 같다.

1. 주식
2. 게임

3. SNS

해결하기 너무도 쉬워 보이는 문제인데도, EMM이 무엇인지 이해가 충분히 되지 않은 고객사들은 대응책을 찾기 위해 무료 앱을 시도해 보기도 하지만 쓴잔을 마시고 지치는 경우가 다반사다. 반면, Whitelist는 Blacklist와 반대의 형태이다. 오직 허용된 업무앱 이외의 다른 앱들은 정책이 적용되는 순간부터 사용될 수도, 추가될 수도 없다. 기업이 사용하는 앱이 다양하고 부서마다 도입하는 앱이 다를 경우, 넓은 범위에서 현실적으로 관리가 필요하다. 국내에서는 '법인 단말기'에 적용이 유용하며, 임직원 개개인이 보유한 단말기에서는 단말기와 앱 소유를 구분짓는 데 어려움이 있어 기업마다 도입형태가 다르다.

2) 락다운 Lockdown

'락다운'은 문자 그대로 행위에 대한 제재를 기본으로 하며, 결과적으로 표현되는 형태로 인해 키오스크(Kiosk)라는 이름으로도 존재한다. 락다운은 모바일 기기의 관리자 모드를 진입하지 못하기 하여, 오직 허용된 앱들만 사용할 수 있고, 기기 세팅 메뉴 등의 관리자 창으로 진입이 불가하다. 앱 관리에서 가장 강력한 기능이고, 형태 또한 가장 단조롭다. 또한 앱의 아이콘을 사용하는 것 외에도 커스텀 버튼을 제작하여, 기업 아이덴티티(CI: Corporate Identity)를 녹임으로써 산뜻한 디자인을 구현할 수 있는 것 도한 상업적 특징이다.

 MobileIron의 Kiosk 모드

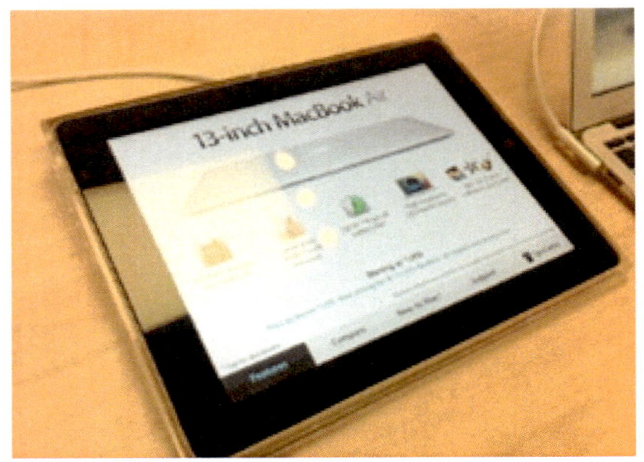

UI를 커스터마이징 하면, 다양한 방식으로 상용화가 가능하다. 맥도
널드는 SOTI의 MobiControl의 락다운을 사용하여, 스탠딩 키오스크
에서 메뉴 조회와 주문처리를 하는 기능을 제공하였다.

 맥도널드가 도입한 SOTI MobiControl의 키오스크

수많은 기업이 락다운 기능 구현을 시도해 왔고, 최초 개발본인 Alpha Version 개발에 성공하여 경쟁 분위기가 치열해지는 듯하였으나, 이것은 개발자들이 모바일 기기의 다양성을 검토하지 않은 시행 착오였다. 모든 모바일 기기들은 고유의 하드키 조합으로 관리자 모드에 진입이 가능하다. 이 경로를 통해 락다운을 통과하는 것 또한 가능하다. 그러나, 구현한 MAM 기능이 특정 단말기에만 의존적인 경우일 때, 문제는 매우 크다. 안드로이드만 하더라도 상당히 많은 종류의 기기들이 존재하기 때문이다. 단순히 관리자 모드를 숨기는 락다운도 존재하지만, 그 수명은 오래갈 수가 없다. API 레벨부터 통제를 하는 개발업체가 있는 반면, 눈속임으로 불안정한 시도를 하는 업체들도 있다. 결국 테스트를 해보면 답은 바로 나온다.

3) 앱 보안

2014년도에 가트너는 "75%의 모바일 앱들이 기초 수준의 보안테스트를 통과하지 못할 것이다"라고 발표한 바 있다. 앱 보안의 리스크는 애플리케이션 레이어에서 다음의 3가지로 업계에서 정의하고 있다.

- 기기 내 데이터의 보관상태 혹은 전송 간 보안 환경이 안정적이지 못한 경우
- 운영체제 상에서의 대응(보안 앱 설치 혹은 암호화 등)에만 보안을 의존하는 상태
- 사용자의 합리적인 User Behavior를 기대하는 경우

업무생산성 분야에서 유명한 앱들을 포함하여, 소프트웨어 개발업체 혹은 자체 연구를 통해 개발된 기업특화 앱들은 임직원 단말기에서 보안 위험에 상시 노출되어 있다. 모바일 업무 빈도가 적었던 과거에

는 이러한 현상은 미래의 단상으로 일컬어져 왔었으나, 앱의 응용은 진화가 굉장히 빨랐다. 모바일 업무 환경을 진취적으로 연구해 오던 해외 업체들도 2013년도부터 앱 관리와 보안 영역에 집중적인 투자를 시작했다.

업무 앱 환경 위에 모바일 기기가 있고, 그 위에는 기기 사용자가 있으며, 그 위에는 '기기 소유 형태'가 있다. 결국은 기업 혹은 개인 소유로 크게 나뉘어지며, 총체적인 모바일 관리의 방향이 이 소유 형태로 인해 나뉘어진다.

앞서 소개한 넓은 범위의 앱 관리 방식인 Blacklist / Whitelist 등은 파일 공유 혹은 데이터 유출 경로들을 차단함으로써, MDM 기능과 혼합 사용하여 복잡한 고민 없이 보안을 일단 실행에 옮길 수 있다. 이러한 접근의 특징은, 기업의 유형이나 모바일 기기 소유 형태에 구애받지 않는다는 것이다. 법인 소유의 기기에서는 효용성이 높다.

그러나 기기의 소유권이 명확히 임직원일 경우, 각 국가는 개인정보와 프라이버시 문화의 벽을 각각의 환경에 맞춰 극복해야 했다. 비용 때문에 법인 단말기 제공이 모든 기업에서 가능하지 않은 현실에서 살고 있고, 특정 사업들은 앱의 운용만으로도 굉장한 효율을 얻을 수 있다. 이러한 생산성을 지킴과 동시에 기업 정보 유출을 방지할 수 있는 접근의 필요가 급증한 것이다.

a) Containerization 컨테이너화

결국은 모바일 기기의 User Interface는 앱들이 모여 있는 영역이고, 기업정보가 통신되고 있는 기업앱이 개인 소유의 기기에 섞여 있는 것이 도전과제이므로, '개인영역'과 '기업영역'을 구분한다는 개념이다. 컨테이너의 기업영역은 기업 데이터를 일반 앱과 데이터들로부터 격리시켜 보안을 실행한다.

특히 대다수의 세계 시장 점유율을 차지하고 있는 안드로이드 운영체제는 이러한 컨테이너의 필요가 컸던 만큼 오픈소스의 특성에 따라 다양한 접근도 가능하게 되었다. 수년간 안드로이드 스마트폰과 태블릿의 정상을 지켜온 삼성은 보안 솔루션 'KNOX'를 개발하여 구글과 온전한 호환을 이루고, 서비스를 삼성의 스마트폰들에 탑재하였다. 아래의 그림을 보면, 컨테이너 영역에 앱들이 보관되어 있고, 자물쇠 모양이 아이콘에 더해지며 컨테이너를 표현한다.

 삼성 녹스의 컨테이너 개념이 설명되는 그래픽. 40여 종 이상의 삼성 스마트폰과 태블릿 기종들이 녹스를 지원

KNOX는 또한 복합 레이어 보안 개념을 가지고 있고, Trust Zone, Secure/Trust Boot 및 하드웨어 Root of Trust등의 보안 복합체를 탑재한다. 보안 인증도 글로벌 시장 기준을 준수하고, 국내 공공 시장에서 요구되는 CC(Common Criteria)인증과 북미의 FIPS를 준수한다.

KNOX는 다양한 B2B 기업 시장의 니즈를 맞출 수 있도록 충분히 설계되어 있다. 단, 완제품 소프트웨어의 형태가 아닌, SDK(Software Developer Kit)의 형태로 되어 있고, 도입을 원하고자 하는 기업들은 SDK 라이선스를 구매한 후, 개발하여 시스템을 통합해 자체 솔루션을 완성한다. 다양한 유형의 SDK 종류들이 존재하며, 글로벌 EMM 기업에 준하는 기능들을 구현할 수 있다. SDK로 구현할 수 있는 기능들을 모두 종합하면 수백가지에 다다른다.

반면, 삼성 녹스는 글로벌 EMM 업체들과 파트너십 계약을 맺고, 'KNOX Workspace'를 제공한다. KNOX Workspace는 '기업용 단말기 컨테이너'의 산물이고, 각 EMM 업체가 KNOX의 MDM 정책들을 시스템 통합하여, 본인들의 플랫폼을 통하여 KNOX의 MDM 기능들을 바로 사용할 수 있게 해주는 녹스의 생태계이다. 2017년 현재, 187개의 KNOX Workspace MDM Policy들이 존재하며, 해당 업체들은 확보한 시장의 요구에 맞춰 상당수의 기능을 구현하여 프로모션과 판매를 한다. 한 예로, EMC 예하의 WMware사에 인수된 AirWatch는 187개 기능 중 139개의 기능들을 구현해 놓았다. 물론, 구현된 기능의 숫자보다는 구현된 기능의 현실성이 중요하므로, 이러한 방식의 MDM 구현을 원한다면 https://www.samsungknox.com/en/

mdms/knox-workspace를 방문하여 사전 검토를 하는 것이 바람직하다.

삼성 녹스가 론칭된 후, 이듬해에 구글 또한 컨테이너 기술을 선보인다. '안드로이드 포 워크(Android for Work)'가 그 결과물이다. 최초 출시 당시 삼성 녹스의 기술로 개발 되었는가 하는 토론이 많았으나, Tech Target의 편집자 Jake O'Donnel은 이를 한번에 정리하였다. 삼성 녹스와 연관되지 않고, 구글이 원하는 방향의 컨테이너를 Android for Work로 구현한 것이다. 구글은 자체적 개념의 솔루션을 원했으며, 서드파티(3rd Party)에 의존할 계획이 없었다. 기본적으로 삼성 녹스와 안드로이드 포 워크는 다음과 같이 구분된다.

Samsung KNOX	Android for Work
삼성 기기 의존적 (LG에서도 작동한 사례도 존재함)	모든 안드로이드 기기에서 작동 Android 5.0 롤리팝부터 공식 적용 (Android 4.0 세대 운영체제는 별도의 앱을 설치하여, 상당수의 기능 사용 가능)
일부 기능 자체적으로 사용 가능	기능 사용을 위해 3rd Party EMM 연동 필수
SDK 유료	무료

과거에 구글도 시인했던 바, 삼성 녹스는 훨씬 더 세밀한 관리를 가능하게 한다. 물론, 세밀할수록 운영자 입장에서는 일이 좀 더 많아질 수도 있다. 구글의 관점은, 일반화된 솔루션일 수록 기업 도입이 더 용이하다고 추측한다. 두 솔루션은 경쟁 구도에 있지만, 삼성 또한 녹스에 안드로이드 포 워크 기반으로 추가 관리 솔루션 개발도 가능하므로, 전략에 따라 파트너가 될 수도 있다.

 구글 안드로이드 포 워크 컨테이너

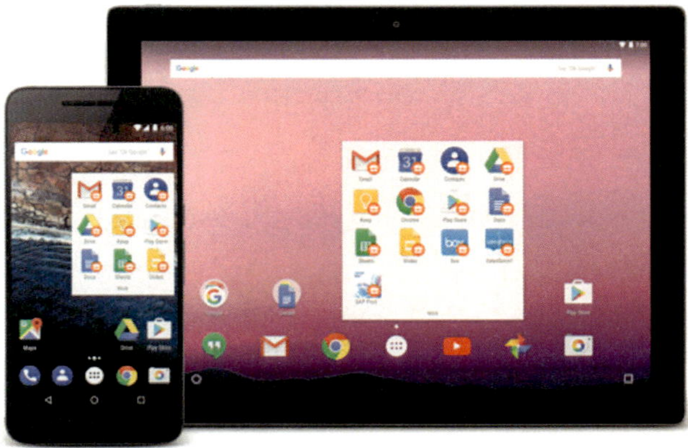

안드로이드 포 워크 컨테이너는 브리프케이스가 컨테이너 심벌로서 앱 아이콘에 붙는다. 안드로이드 포 워크의 컨테이너 개념은 KNOX 와는 조금 다른 형태이지만, 간단하다.

1. 모바일 기기 내 앱들이 '개인'과 '업무'에 두 가지 형태로 동시에 사용

2. Divide라는 프로그램을 통해 두 가지의 형태로 듀얼로서 존재한다.

- 개인용 = 비관리(Unmanaged)
- 업무용 = 관리(Managed)

쉽게 말해, 이메일 앱이 있다고 치면, 개인용 앱 아이콘도 존재하고, 컨테이너에서는 브리프케이스 심벌이 붙은 업무용 아이콘도 존재하는 것이다.

안드로이드 포 워크를 요약하자면 다음과 같다.

- BYOD와 COPE 지원

- 멀티유저 메커니즘

- 개인앱과 업무앱의 통합 뷰

- 데이터 격리 및 보안

- 앱의 별도 수정 불필요

결론적으로, 각각의 유저들에게 개별적으로 할당된 안드로이드 앱과
서비스가 동시에 운용되는 데 문제가 없는 것이다.

미래를 예측할 때, 구글이 전략을 어떻게 바꾸느냐에 따라 안드로이
드 포 워크는 운영체제 생태계 전반에 지대한 영향을 가할 수도 있다.

안드로이드 운영체제 개발의 뿌리인 AOSP(Android Open Source Project)

는 수많은 모바일 제조 기업들이 의존하여 다양한 모바일 기기들을 상시 개발하고 있으며, 제조사의 숫자만 해도 1,200개에 달한다. 만약 컨테이너와 EMM의 시장수요가 계속 증가하고 솔루션이 범용화되는 시점이 되면, 안드로이드 포 워크의 MDM, MAM 및 MCM 관련 기능들이 대폭 강화되어, 글로벌 EMM 업체들 사이의 격차가 축소되고, 각 선두 EMM 기업들이 제공하는 개성있는 특장점들이 구글의 전략에 흡수될 수도 있다. 물론 이러한 미래 현상은 EMM을 도입하는 글로벌 고객사들에게 달려 있는 것이지만, 구글이 발휘할 수 있는 잠정적 영향은 매우 크다고 필자는 생각한다. 안드로이드 포 워크는 이미 상당 수준의 EMM 기능들을 개발해 놓은 상태다. 국내에서도 EMM 솔루션 개발을 수년간 시도해 온 업체들이 있고, 아직 구글과 파트너십을 맺은 업체가 없어, 장기적으로 글로벌 경쟁력을 가진 국산 EMM은 오직 삼성만 남게 될지 모른다는 우려도 존재한다. 국내 중소기업들도 EMM을 계속 개발할 수 있겠으나, 매출과 국내 시장 요구사항만을 쫓는 과정에서 글로벌 EMM 방향을 벗어나기 시작하면 기술적으로 도태될 수 있고, 결국 매출과 투자 난제로 연결되어 사업을 멈춰야 하는 상황도 어렵지 않게 올 것이다.

b) 앱 래핑 App Wrapping

지금까지 소개된 개념들 외에, 더욱 상세하고 개별적인 앱 보안을 위해 도입된 기술이다. IT관리자와 임직원 간의 스마트폰 이슈를 종결한다는 취지로 등장하였다. Wrapping에서 유추할 수 있듯이, 앱을 감싸서 보안 속성을 극대화한다고 해석해도 무방하다. 보안에 대한 접근은 여러 가지가 존재하지만, 기업들은 자사 앱이 보유하는 정보들의 보안에 민감해 앱 래핑 도입 필요성을 느끼고 이를 도입해 왔다.

 앱 래핑 원리

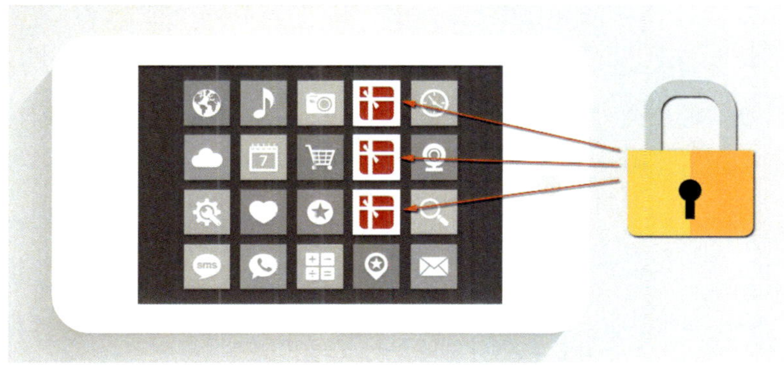

일반적인 도입 목적은 다음과 같다.

- ■ 앱에서 기기에 파일 저장하는 방식 제한

- ■ 암호화

- ■ 특정 VPN(Virtual Private Network)를 통한 보안 데이터 통신

- ■ 탈옥 혹은 루팅 감지

- ■ 접근성 강화를 위한 복수 인증 도입

- ■ 앱 내에서 파일 공유 제한

- ■ 복사/붙이기 기능 제한

- ■ 특정 권한의 유저들 구분

- ■ 앱의 특정 기능들만 허용/제한

- ■ 대상 앱이 필요를 대부분 충족하나, 특정 세부 기능이 없는 경우
  - 별도의 자체개발 없이 앱 래핑을 통해 기업 환경을 온전히 충족

앱 래핑에는 다음의 항목들이 소요된다.

- EMM 업체로부터 제공받는 다이내믹 라이브러리
- 시그니처가 적용되지 않은 앱 바이너리
  - 래핑 코드 투입
- 서명 인증서
  - 래핑 완성 후 재서명
- 암호화
- 앱 레벨 VPN
- API
- 앱의 세부 속성 내역

위의 설명은 추상적 개념이므로, 안드로이드에서의 래핑을 잠시 살펴본다면 다음과 같다. 래핑은 추가적으로 과중한 '개발작업'을 요구하지 않으므로, 기업 자원이 충분치 않은 고객사에 적합할 수 있다.

일반적인 안드로이드 API들을 교체

그림 1-18 앱 래핑 작업: API

```
new File("");
    android.content.Context localContext = getApplicationContext();
    OutputStreamWriter localOutputStreamWriter =
      new OutputStreamWriter(       .android.content.Context.openFileOutput(localContext, "GDSFileOutputStreamTest.txt",
        ));
    localOutputStreamWriter.write("SensitiveData\n");
    localOutputStreamWriter.flush();
    localOutputStreamWriter.close();

    new org/apache/http/impl/client/DefaultHttpClient;
           .org.apache.http.impl.client.DefaultHttpClient.createObject();
    new BasicHttpContext().setAttribute("http.cookie-store", localBasicCookieStore);
    Log.i("GDSTest", "Performed Cookie Test");

           .android.text.ClipboardManager.setText((android.text.ClipboardManager)       .android.content.Context.
        getSystemService(localContext, "clipboard"), "SensitiveData");
    Log.i("GDSTest", "Performed ClipBoardManager Test");
    Log.i("GDSTest", "Creating Webview");
    setContentView(2130903040);
    android.webkit.WebView localWebView = (android.webkit.WebView)findViewById(2131230720);
    localWebView.getSettings().setJavaScriptEnabled(true);
           .android.webkit.WebView.loadUrl(localWebView, "file:///android_asset/test.html");
```

콘텐츠 제공자, 서비스, 동작 및 브로드캐스트 리시버 등을 추가

그림 1-19 앱 래핑 작업: 필요 항목 추가

```
<provider android:name="com.     MAM.com.skomalzy.datahmacverifier.AppStateCPWrapper" android:exported
="false" android:authorities="com.skomalzy.datahmacverifier.com     .managedApp.appState" />
<provider android:name="com.     MAM.com.skomalzy.datahmacverifier.ManagedAppInfoCPWrapper" android:
exported="false" android:authorities="com     MAM.Android.ManagedApp.ManagedAppInfoProvider.com.
skomalzy.datahmacverifier" />
<provider android:name="com.     MAM.Android.ManagedApp.AppQuitContentProvider" android:exported="
false" android:authorities="com.skomalzy.datahmacverifier.com     .managedApp.quit" />
<provider android:name="com.     MAM.Android.ManagedApp.DiagContentProvider" android:exported="true"
android:authorities="com.skomalzy.datahmacverifier.com.     managedApp.Diag" />
<service android:name="com.     MAM.Android.ManagedApp.     pManager" android:exported="true" />
<service android:name="com.     MAM.Android.ManagedApp.     TMService" android:process=":mitm" />
<receiver android:name="com.     .MAM.Android.ManagedApp.PackageReceiver">
    <intent-filter>
        <action android:name="android.intent.action.PACKAGE_REMOVED" />
        <data android:scheme="package" />
    </intent-filter>
</receiver>
<activity android:name="com.     MAM.Android.ManagedApp.     Locked" android:enabled="true" />
<activity android:theme="@*android:style/Theme.Translucent" android:name="com.     .MAM.Android.
ManagedApp.DataContainmentActivity" />
```

앞서 소개한 컨테이너와 함께 복합적으로 래핑을 도입한 경우, 전체적
MAM의 구도의 형태를 본다면 다음과 같다.

 컨테이너와 앱 래핑 조합

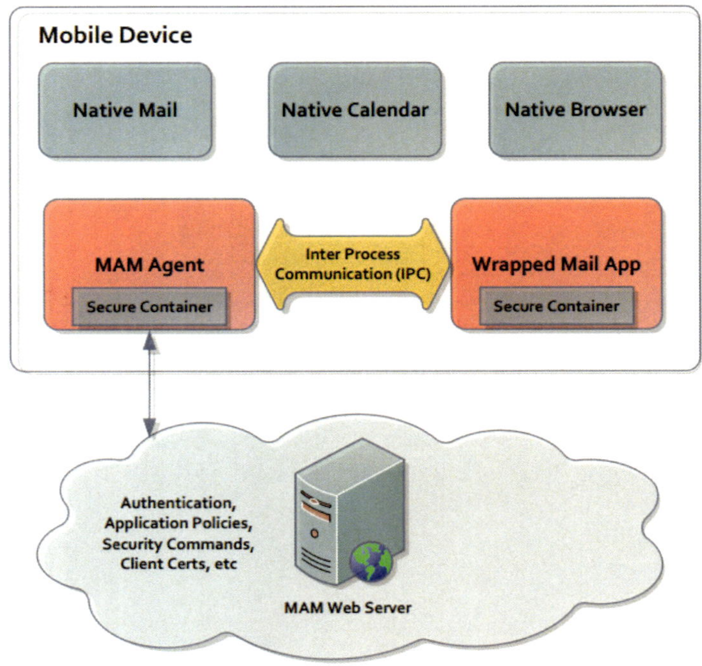

EMM 에이전트와 래핑된 앱이 각각의 컨테이너 상태에 있고, 서로 IPC를 통해 통신하는 것을 볼 수 있다. IPC는 Inter Process Communication의 약어로, 에이전트와 모든 래핑상태의 앱들이 소통하는 데 중요한 역할을 하여, 래핑을 도입한 MAM이 크게 의존한다. 의존도가 높을 수밖에 없는 이유는 많은 민감한 데이터들의 통로이기 때문이다. 민감한 항목들은 다음과 같다.

■ 보안 정책들

■ 보안 명령어

■ 오프라인 인증 데이터

■ 크립토 API(소유자만이 본인의 파일을 볼 수 있는 역할)

앱 래핑은 기기의 소유가 기업이 아닌 경우에 대부분 도입이 되어 왔다. 아무리 법인 구매를 통해 공급을 한다고 하더라도, 기기의 숫자가 커질수록 기업체에는 부담이 된다. 또한 임직원이 아닌 개인사업자들이 기업의 인프라를 사용하여 기업의 매출에 기여하는 '매니지드 서비스 Managed Service(IT 자원이나 서비스 운영과 관리를 제삼자를 통하여 대행하게 하는 것—국내에는 금융서비스도 이러한 형태가 많음)'의 경우, 인프라와 호환이 되는 기기를 선정하여 구매한 후, 개인사업자들에게 재판매하여, 기기의 소유자는 결국 구매를 한 개인사업자들이 된다. 물론 소유권은 기기에 한정되고, 앱을 통해 접근할 수 있는 기업 데이터 자산은 해당이 안 되며, 기업이 명확히 관리해야 하는 대상이 되는 것이다. 임직원의 스마트폰도 마찬가지이다. 기기와 기업 데이터는 명확히 구분된다.

앱 래핑은 2013년도부터 글로벌 시장에 매우 활발히 도입되었고, 응용 기술들이 EMM 개발 플랫폼에 통합되어 래핑 절차의 간소화 방식도 진화되었다. 그렇다면 범용적으로 기업 앱들이 개인 도바일 기기에서 사용되는 시대를 살고 있는 지금, 이러한 기술들이 도입되는 것을 매우 가까이에서 목격할 수 있어야 하는데, 현실은 아직 그렇지 않다. 국가별 문화와 환경에 따라 원인은 다양할 것이다. EMM 투자를 할 만큼의 모바일 관리와 보안의식을 가지고 있는가에 따라 달라질 것이

다. 또한 EMM 도입은 단발성 연구로 모두가 진행할 수 있을 만큼 단
조롭지 않다. 모바일은 환경, 용도, 목적이 공통되면서도 한편 매우 다
양하므로, 주변 사례를 바로 적용하기도 쉽지 않다. 또한 내부 이해관
계자들이 의견 조율을 도입시점까지 진행하는 것도 어렵다.

위와 같이 기업 프로세스 측면의 난제 외에, 앱 래핑은 이미 결과가
입증된 도전과제를 안고 있다. 도입 이후 순조롭게 사용되어야 할
EMM에서 앱 래핑은 장점의 이면에 중장기적으로 직면하게 되는 위험
요소가 존재한다. 앱 업데이트가 리스크의 중심에 있다.
앱이 업데이트 될 때마다, 래핑을 다시 해야 한다. 단일 앱이라면 많
지 않은 비용과 시간으로 해결할 수 있다. 그러나 오늘날의 업무는 기
업마다 여러가지 앱을 동시에 운용해서 해 나간다. 유료 앱을 구매하
여 사용하는 경우도 있겠지만, 기업 자체 개발 앱들은 개발조직이 전
담한다. 앱 래핑은 EMM 업체에서 제공하는 패키지도 있지만, 완전무
결한지는 면밀히 테스트를 해야 하고, EMM 업체에서 별도 래핑 서비
스를 유상으로 제공하는 경우도 많다. 또한 Mocana와 같은 업체는
다수의 글로벌 EMM 업체와 파트너십을 맺고 래핑 유상 판매를 하는
데, 수요가 적으면 할인폭이 작아 비용이 많이 발생한다. 금융사의 경
우에는 태블릿을 주로 운용하고, 관련 직원 혹은 개인사업자 규모가
수천에서 수만명에 달한다. 이러한 환경에서 앱 업데이트와 앱 래핑은
매번 안정적으로 시행되어야 하고, 앱 래핑 후 문제가 발생하면 곤란
한 사태들을 거쳐야 한다.

또 한 가지는 외부에서 소싱한 앱들을 래핑으로 작업할 때, 앱 개발사

의 동의를 얻어야 할 필요가 발생할 수 있다. 개발사가 그객사에게 엄격한 잣대를 내밀 수는 없겠으나, 예상치 못한 문제가 발생할 시 지원을 할 수 없다는 입장을 일반적으로 앞세울 수 있다. 이 또한 사전에 고려해야 할 리스크다. 앱 래핑의 한계점들을 체험한 해외 기업들에서는 "App Wrap Is Crap"이라는 부정적인 표현들을 앞세우기도 한다.

이러한 난제 때문에 결국 점진적으로 MAM의 필요들을 삼성 녹스 혹은 안드로이드 포 워크와 같은 컨테이너로 해결하는 추세로 접어들었다. 컨테이너는 최신식 기술들이 점점 추가된다는 진화의 이점도 존재하므로, 기업의 입장에서는 미래지향적인 관점을 가질 수도 있다. EMM은 기업 환경과 도입 솔루션에 따라 효율성이 가변적이므로 정답은 없지만, 안전한 방식은 충분한 지식과 적극적인 연구로 도출 가능하다.

c) MAM 요약

지금까지 소개한 내용들이 처음이라면 생소할 수 있겠지만, 아래의 그림을 보면 쉽게 정리할 수 있다. 어떠한 방식이 기업 상황에 맞고, 이해 관계자들의 동의를 얻는 데 빠르며, 안정적으로 오래 사용할 수 있는지에 초점을 맞춰 검토한다면, EMM 소프트웨어의 선택이 더욱 탁월해질 수 있다. 물론, 검토 대상 EMM 솔루션에 기술적 하자가 발생하지 않기를 희망한다.

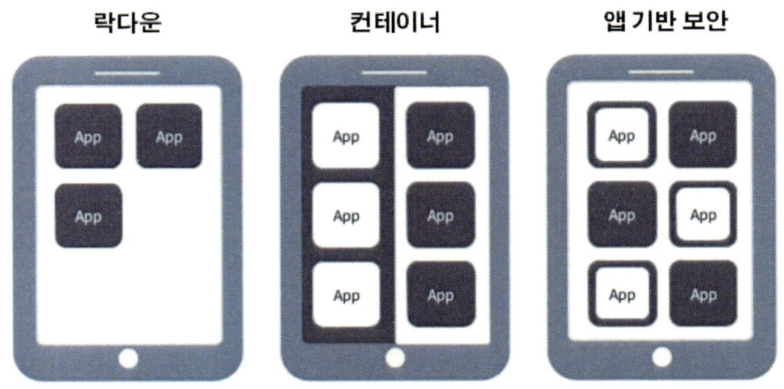

iii. MCM: Mobile Contents Management 모바일 콘텐츠 관리

초반 도입을 고려할 때에는 고객사의 상황에 따라 MDM 혹은 MAM 의 고려사항들이 훨씬 크게 부각되는 경우가 많다. 그러나 검토가 진

행될수록 콘텐츠 관리로 비중이 높게 잡히는 것을 체험하게 된다. 결국 실무 효율성이 거론될 수밖에 없고, 그 때부터 다양한 기업 콘텐츠 관리에 대한 아이디어들이 쏟아져 나온다. 국내는 콘텐츠에 대해 검토를 하다 보면, 현실적인 인식과 혼합되며 매우 간소화되는 경우가 많다. 눈에 보이지 않는 요소를 사전에 감지하는 것이 어려운 것도 하나의 원인이다.

모바일 콘텐츠 관리는 업체마다 방식이 다르지만, 큰 맥락에서 다음과 같이 정리된다.

- 클라우드 혹은 하이브리드 클라우드 모델 상 파일 저장소
  - 빠르고 쉬운 접근 방식
- 모바일 앱에서 콘텐츠 관리 플랫폼으로의 간편한 접근성
- 문서 정책 관리
- 개인 혹은 팀 규모의 콘텐츠 협업 기능
- 문서와 콘텐츠 편집
- 파일 저장소 밖의 콘텐츠 보호
- 문서 보안
- 다른 써드 파티(3rd-Party) 저장소 API와의 연계성

참고로, MCM에서 이메일을 떠올리는 유저들도 보아왔으므로, 간략히 정리하고자 한다. 이메일은 콘텐츠에서도 굉장히 부각되는 요소이지만, 업계에서는 이메일 영역에 대한 접근을 MCM에서 사실상 분리했다. 앞서 소개한 앱 래핑을 통해 내부 기능 개별 통제를 하는 사

레도 있고, 혹은 별도의 응용 영역을 정의하여 솔루션을 공급한다. EMM 업체 중에서 AirWatch사는 MEM(Mobile Email Management)를 정의하여 별도의 패키지를 판매하고, SOTI 사는 Nitro TouchDown을 플랫폼에 통합하여 기능을 제공한다. MobileIron의 경우, 코어 패키지 내부에 이메일 보안 기능도 있고, 'Email+'라는 이메일 전용 앱을 공급한다. 이러한 업체들은 또한 Android for Work와 모두 파트너십을 맺고 있어, 별도의 비용 투자를 원치 않는 고객사들은 Android for Work를 통해 보안과 관리를 구현할 수 있다. 결론적으로 이메일은 MCM과 별도의 영역으로 인식하는 것이 기획 단계에서 용이하다는 것을 참고하기 바란다.

필자는 MCM에 비교적 많은 관심을 두고 분석을 했다. MDM과 MAM은 기본 맥락은 동일할 수밖에 없고, 소수의 요소들에서 고객 성향에 따라 승부가 갈린다. 또한 기본 맥락의 기능에서도 구현된 상태가 뚜렷이 구분되므로, 업체별 수준도 고스란히 드러난다. 콘텐츠는 모바일 기기에 종속되지만, 조금만 시야를 넓히면 방대한 생태계가 발을 걸친 상태이며, 각각 독보적인 능력을 발휘하며 전 세계의 모바일 유저들을 점유하고 있다. EMM 업체들 나름의 노하우와 시장 정보를 녹여 자체 개발을 하기도 하지만, 투자 인력과 비용을 고려하면 오히려 생태계 연결이 훨씬 효과가 높을 수도 있으므로 콘텐츠 관리의 진화에 절대 강자를 찾기는 매우 어렵다. 이러한 시장 상태로 인해, 글로벌 EMM 기업들의 MCM 접근 방식은 업체의 색에 따라 다양하다.

D. 3rd Wave: UEM(Unified Endpoint Management)

Unified Endpoint Management — '엔트포인트 통합'의 개념으로, 'Endpoint Device'를 쉽게 표현한 것이고, 2015년에 떠오르기 시작하여 2016년도에 본격화되었다. 엔드포인트는 다른 업계에서도 고유의 정의를 가지고 있으므로, 모바일 영역에서는 '엔드포인트 기기'로 인식하는 것이 편리하다. '엔드포인트'를 쉽게 이해하자면, TCP/IP 네트워크에서 통신을 할 수 있는 모듈이 1개라도 탑재되어 데이터를 송수신할 수 있는 작은 IoT 사물부터 개인용 PC까지의 모든 모바일 개체라고 인식하고 시작하면 된다. 지금 누군가 UEM을 명확히 정의한다고 하면 사실이 아닌, 영업활동 멘트라고 생각하면 더 정확하다. 미래의 동향들까지 끌어들여 분석중인 개념인 것이 현 주소이기 때문이다. 예를 들자면, 11년전 DVD의 차세대 매체가 등장할 시, Blu-ray와 HD DVD가 관련 제품들을 시장에 내어 놓으며 경쟁을 했었다. HD DVD는 DVD포럼에서 공식적으로 인정한 포맷이었음에도, 시장 경쟁에서 Blu-ray에 완패하며 명칭 타이틀까지 빼앗긴 바 있다. UEM은 명칭 타이틀은 변함이 없을 것이나 개념 경쟁은 아직 진행 중이다. 결국

이 또한 글로벌 시장 점유를 석권하거나 혁신 경쟁에서 승리한 업체의
UEM 형태가 진리로 승격할 것이다.

초기에 Endpoint Management라는 개념은 소규모 업체에서도 각자
의 역량에 맞추어 도입되었다. 그러나 'Unified'는 다른 차원의 규모
를 시장에 가져온 것이다. UEM이 처음 도입될 때만 해도 제안을 할
수 있는 업체는 4개에 불과하였다. Gartner의 애널리스트인 Terrence
Cosgrove는 UEM 데뷔 2년 후에는 글로벌 유저 집단 30%가 UEM
을 사용할 것으로 예측하였다. ChannelPro Network의 저널리스트
인 James Gaskin은 기존의 EMM 툴로 치명적인 사물인 ATM부터 병
원의 헬스케어 기기들까지 관리될 것이고, 2020년에 접어들 때에는
'Management' 솔루션이라는 단어 하나만 언급해도 기업 고객사들
은 UEM 기능을 기본적으로 요구할 것이라고 언급하였다. 아직까지
는 IoT 보급이 예상만큼 빠르지 않아, 글로벌 기업 간 실제 거래들은
EMM의 개념하에 이루어지고 있다. 하지만 실제적으로 UEM 초반의
시대를 살고 있다는 것을 지금부터라도 인식한다면 향후 이 개념이
낯설지만은 않을 것이다.

각각의 리서치 기관은 2017년 자료 배포를 준비하며, UEM의 방향을
확정하는 데 많은 리서치를 하였다. 과연 UEM이 노트북 PC를 포함
하는 것이어야 하는지, 아니면 모바일 폼 펙터(Form Factor - 하드웨어의 크
기, 구성, 물리적 배열)를 중점으로 할 것인지에 따라 결과물이 달라지기
때문이다. 글로벌 MDM / EMM / UEM 기업들은 마케팅 관점에서 가
트너, IDC 등의 기관들이 정의하는 내용에 반영되는 것이 매우 중요

하다. 고객사들이 실제 도입을 검토할 시, 수주사례 등의 레퍼런스도 많이 참고하지만, 글로벌 순위나 리더 위치로 1차적인 가치 평가를 하기 때문이다. 각 개발업체의 철학과 방향성을 간과할 수 없기에 인터뷰 세션에서 심도 깊은 논의를 펼치기도 한다.

UEM이 모바일 관리의 패러다임으로 자리잡게 되면, 수요가 많은 모바일 제조사에만 의존적으로 솔루션을 개발한 업체는 버티지 못하고 도태될 수밖에 없다. 대중이 쉽게 찾을 수 있는 EMM 솔루션들을 살펴보면 삼성, LG의 안드로이드 스마트폰과 태블릿만 지원되는 경우가 많다. iOS도 지원하지만, 최신 버전과 호환이 안 되는 경우가 허다하다. 이런 상태이면 EMM이 아닌 MDM 단계에서도 성장할 동력을 잃고 역사 속에 묻히게 된다.

통합 엔드포인트 관리의 두 상징적 주자는 AirWatch와 SOTI이다. AirWatch는 모바일 운영체제의 폭이 넓은 점이 두드러지고 안드로이드, iOS, QNX, Tizen, WindowsCE, Windows 10, MacOS 및 모바일 프레임워크를 지원한다. 반면 SOTI는 전통적인 PC보다 모바일 단말에 초점을 둔다. 안드로이드, iOS, Windows CE, Windows Embedded Handheld, Windows XP/Vista/7/9/10을 지원하며, 이 운영체제들에 해당하는 전세계의 모바일 기기들을 실제적으로 호환시켜 통합하였다. 소비자 모바일과 산업용 모바일 제조사 100여 핵심 업체와 파트너십을 맺고, 2017년 현재 600개 이상의 모바일 기종들을 SOTI로 구동될 수 있도록 지원한다. 모바일 프레임워크는 AirWatch와 동일하게 안드로이드 포 익크와 삼성 녹스를 지원한다. 이 두 업체

는 곧 차세대 요소인 사물인터넷에서 격돌을 할 것이고, EMM 시대
와는 다른 차원의 경쟁을 하며 엔드포인트의 대명사로 택일될 것으로
예견된다.

한국도 4차 산업혁명과 IoT에 대한 관심이 점점 뜨거워지고 있다. 우
려가 되는 바는, 국내 솔루션 강자가 탄생할 수 있는 기회가 점점 줄
어드는 것처럼 느껴지는 것이다. EMM으로서 모바일 관리와 보안으
로만 여겨져 왔던 글로벌 솔루션들은 이미 거대한 엘리트 개발조직으
로 최소 10년 이상을 진화해 왔고, 전 세계 시장을 점유한 플랫폼과
생태계를 충분히 성장시킨 상태이다. 기술 집약체인 모바일 기기를 토
대로 한 복잡한 플랫폼이므로 국내업체들이 단시간에 따라잡기도 어
려울 뿐더러, 상기 업체들의 파생속도가 생태계에서 더욱 가속화될
수 있어 사물인터넷의 영역도 국내기술이 설 자리가 점차 없어질 수

있다. 추후 소개하겠으나, 중국에는 이미 숨어 있는 EMM강자 업체가 많이 있다. 대륙의 마인드로 수출을 느긋이 하는 것일지 알길은 없으나 이미 확인된 바, 글로벌 EMM과 성능차이가 나지 않는다. 엄청난 자금력으로 글로벌 시장에 투자를 시작한다면 오래지 않아 순위 판도가 빠르게 바뀔 수 있을 것으로 전망된다.

E. 모바일 관리의 복합 유연성

사회심리학자 허태균 교수는 '어쩌다 한국인'이라는 책을 쓰며, '복합 유연성'을 소개한 바 있다. 하나를 얻으면 다른 하나를 잃는다는 것을 받아들이지 못한다는 원형의 사고방식이다. 환경과 상황의 변수가 각기 다른 기업들의 필요를 도두 해결할 수 있는 솔루션은 적어도 지금 시대에 존재하지 않는다. 시스템 통합을 제공하는 업체들이 주로 하는 말이 있다. '한국 고객들은 CD 한 장을 사도 시스템 통합을 요구한다.' 어느 정도의 극성인지, 미래를 스스로 어둡게 하는 현상인지, 솔루션 공급자의 입장에서는 답답할 따름이다. 기능구현이 완성된 상태의 솔루션을 구매할 것인지, 모든 것을 개런티 하겠다고 접근하나, 실존하지 않는 영역이 많은 커스텀 소프트웨어 계약을 체결할 것인지, 그 선택은 고객사에 있으나 어느 정도의 결과는 이미 입증된 바 있다. 역시, '복합 유연성'의 작용으로 그 어떤 것도 포기하지 못하는 상태에 직면할 것이고, 이는 의사결정에 영향을 주는 멤버들이 많을수록 더더욱 심화될 것이다. '이왕이면 다홍치마'. 맞지 않는 방향으로 일을 추구할 때 어떤 것이든 대가가 뒤따른다.

2

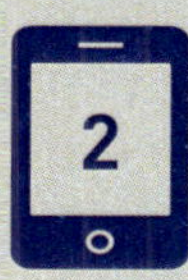

산업용 모바일

Industrial Mobility

A. Automatic identification and data capture(AIDC) 자동인식 솔루션

 CipherLab RS50(좌) 및 9700(우)

이러한 단말기를 본 적이 있는가? 기억이 나지 않더라도 본 적이 있을 확률은 매우 높다. 택배 혹은 집배원 분들께서 항상 소포나 배송물을 직접 전달하며 작업 마감을 장착된 스캐너로 스캔하면, 결과가 통신으로 전송되어 서버에 저장된다. 위의 단말기 소개로 시작하는 이유는 하나이다. 많은 사람은 우리의 일상에 산업용 모바일 장비들을 상당히 자주 목격하고 접하며 살지만, 정작 '모바일'하면 떠올릴 수 있는 것들이 스마트폰, 태블릿 범주에서 크게 벗어나지 못한다. 물론 전 세계 개개인들에게 공급되는 스마트폰들에 비하면 수요 규모가 작을 수밖에 없어 매일같이 볼 수 있는 것은 아니다. 그러나 우리가 인지하는 것보다 훨씬 넓은 모바일 생태계가 존재하고 있고, 이 모바일 구성원들이 스마트폰보다 훨씬 먼저 MDM을 접하였고, 오늘날의 EMM 발전을 있게 한 선조들이다.

종이문서로 장부와 기록물을 관리하고, 수동으로 PC에 일력을 하던 시대에서 모바일 업무로 전환하는 데 핵심적으로 기여한 기술이다. 데이터 입력을 빠른 속도로 하게끔 하는 바코드 스캐너가 장착되어 유저당 하루 최대 10만회의 스캐닝을 하는 업무 프로세스까지 글로벌 시장에 개발되어 있다. 거친 환경에서 파손되지 않도록 1.2미터에서 2.4미터 사이의 낙하를 인증에서 요구하는 만큼의 횟수만큼 견딜 수 있고, 다양한 범위의 방수를 지원하고, 먼지와 이물질이 끼는 것을 막아낼 수 있는 방진설계도 돼 있다. 이러한 강성을 보유하여 다양한 기업 활용에 접목된 단말기들을 '산업용 PDA'라고 국내에서 통칭하고, 영어로는 'Rugged Handheld'로 일컬어진다. 일부 업체에서는 PDA나 Handheld라는 명칭이 하드웨어의 정체성을 지나치게 제한한다는 느낌을 받기도 하고, 사실 이러한 하드웨어 솔루션은 컴퓨팅을 수행하므로, 'Mobile Computer'로 일컫기도 한다. '모바일 컴퓨터를 제조한다'는 기업 이미지를 가지면 향후 다른 하드웨어를 제조하여도 느낌이 낯설지 않고 아이템 확장을 하는 데 무리가 없을 것이라는 발상이 한몫했다. 그러나 이러한 패러다임의 전환이 재빠르게 이루어진 것은 아니어서, 2017년 현재 국내에서는 대부분의 업체들과 고객사들이 '산업용 PDA'로 부르고 있다. 물론 폼펙터가 태블릿일 경우 '산업용 태블릿'으로 통칭하게 된다.

아이폰과 안드로이드 스마트폰도 최초 출시 당시에는 3.5인치 화면이었던 것을 기억할 것이다. 훨씬 앞선 시대부터 단말기 형태로 존재했던 산업용 PDA도 2.8인치와 3.5인치를 중심으로 개발되었다. 2G 통신 시절에는 Windows Pocket Edition등의 운영체제를 탑재한 기업용 핸드폰 수준이었으나, 2003년도부터 Windows Compact Edition 5.0(Windows CE 5.0) 기반에 바코드 엔진이 장착된 단말기들이 도입되어 글로벌 시장이 활성화되기 시작하였다.

이 산업용 PDA는 Industrial Mobility의 주축이며, 좀 더 큰 범위에서는 AIDC(Automatic Identification and Data Capture-소위 Auto-ID로도 불림) 시장에 속해 있고, 모바일 컴퓨팅 플랫폼에 복합적으로 AIDC의 기술들이 적용되어 있다는 점에서 특별하였다. 적어도 스마트폰이 등장하기 전까지는 산업용 PDA와 관련 애플리케이션들은 특정 산업분야에 필수 불가결하였고, 고가에 판매되어 고부가가치를 지닌 혁신적 아이템이었다. AIDC는 한국어 표현으로는 '자동화인식'이 일반적이며, 다음의 기술들을 포함한다.

- 바코드 스캐닝
- RFID(Radio Frequency Identification) 리딩
- 생체인식(Biometrics – 지문인식, 홍체인식, 안면인식 등)
- MSR(Magnetic Stripe Reader – 흔히 신용카드 결제)
- OCR(Optical Character Reader – 여권 사진 페이지에 존재)
- 스마트 카드
- 음성인식

환경극복 대한 성능

말 그대로 산업용이고, 어떠한 환경을 접하게 될지 알 수 없다. 사용자가 업무간 단말기를 안전하게 사용할 수 있는지, 추락하거나 폭우를 만나 단말기가 어떻게 파손될지, 기기가 심하게 훼손되어 업무가 중단될지, 중단된 업무로 인해 금전적 손실이 얼마가 될지 등 생산적인 활동을 해야 하는 기업 입장에서 효율성이 높은 모바일을 도입 안 할 수 없고, 도입된 장비들에 대해 어느 수준의 스트레스를 받게 될지는 장비의 선택에 적지 않은 영향을 받게 된다.

환경요소를 간략히 종합해 보면 다음과 같다.

■ **운영 온도**
- 단말기가 작동할 수 있는 최저/최고 온도
- 일반적으로 영하 20도에서 영상 50도로 개발

■ **보관 온도**

- 단말기가 비치될 때 문제가 되지 않는 최저/최고 온도

- 일반적으로 영하 40도에서 영상 70도로 개발

■ **습도**

- Non-condensing 습도 수치로 표기

- 기기가 차가운 곳에 있은 경우 내부 회로에 이슬이 맺히게 되는 상태를 피할 수 있는 수치를 의미

- Non-condensing을 '불응축식'으로 표현하기도 하나, 이는 한자적 해석임을 참고

- 일반적으로 Non-condensing 5%에서 85% 수준으로 개발

■ **낙하**

- 환경요소 중에 사고가 가장 빈번

- 국가마다 낙하의 테스트 기준이 조금씩 차이가 있으며, 러시아와 유럽의 경우 낙하 테스트의 강도가 매우 엄격한 것으로 유명

- 표기 방식도 다양

  - 6 ft./1.8m drop to concrete across full operating temperature range 으로 표기된 경우

  - 운영 온도 범위 환경 내, 명시된 높이에서 콘크리트에 낙하할 경우의 수치를 의미

  - Steel로 표기될 경우, 금속성 표면에 낙하하는 경우를 의미

  - 'On all sides'라는 표현이 붙을 경우, 상/하/좌/우 4면과 정/후 2면 각도로 조준하여 각 면당 3회씩 낙하할 시 총 18회를 견딘다는 의미

  - 제조사마다 내세우고자 하는 방향으로 테스트와 인증을 거쳐 홍보

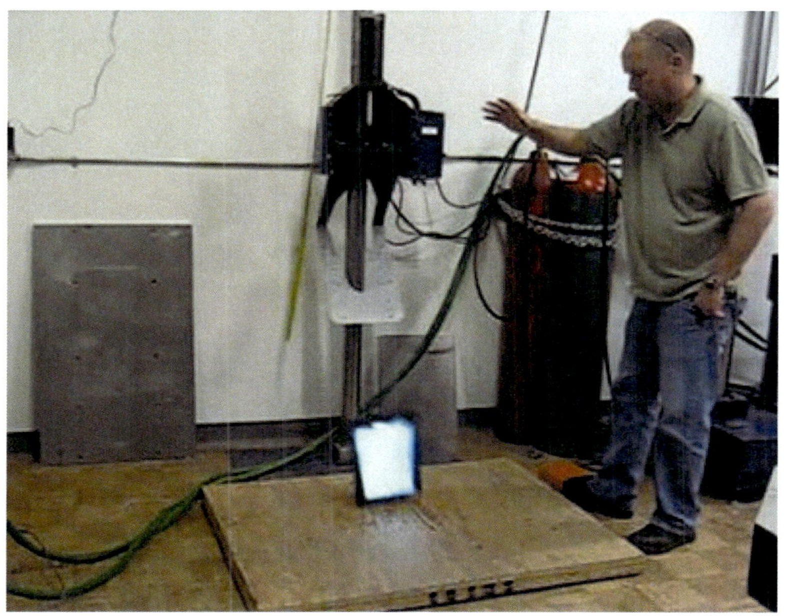

■ 텀블(뒹굴기)

- ■ 계단 혹은 지면에서 단말기가 구르는 상황에 대한 저항 능력을 의미
- ■ 2,000 3.2 ft./1.0㎜ tumbles로 표기된 경우
  - 1미터 폭의 텀블 테스터 기계에서 2000회 회전 동안 내부에서 구르는 것을 견뎌 파손이 없다는 의미

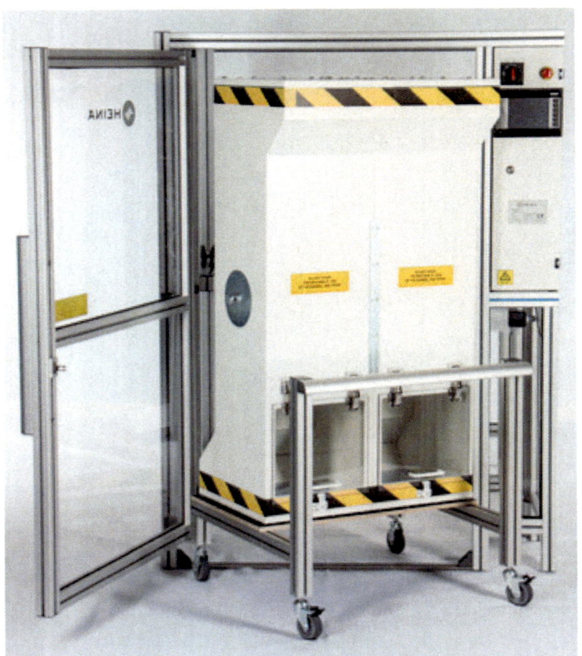

■ 방수/방진

■ IP 코드

- 삼성과 소니 스마트 폰도 IP67 이상의 IP Rate을 보유
  - 이러한 소비자 기기의 IP성능이 산업용 단말기를 어느 정도 교체한다는 견해도 있었으나, 낙하 및 다른 환경요소에 의해 여론이 잠식된 상태이다. 산업용 환경은 예상보다 훨씬 고려할 요소가 많다.
- IP다음에 붙는 첫 번째 숫자
  - 방진 - 먼지와 이물질로부터의 보호

 IP 코드

레벨	저항수치	설명
0	–	이물질에 대한 저항력 전혀 없음
1	>50 mm	50mm 이상의 고체로 부터 보호 (손에 닿는 수준)
2	>12.5 mm	12mm 이상의 고체로 부터 보호 (손가락에 닿는 수준)
3	>2.5 mm	2.4mm 기상의 고체로 부터 보호 (연장/도구 크기)
4	>1 mm	1mm 이상의 고체로 부터 보호 (전기 전선 정도의 크기)
5	먼지 보호	먼지로 부터 보호. 먼지의 침투가 발생해도 기계의 동작에 영향 없음
6	먼지 완벽보호	먼지나 이물질로 부터 완벽한 보호 공기압 흐름 가운데 8시간 까지의 시간을 견뎌야 함.

 방진 테스터

- IP다음에 붙는 두 번째 숫자

  • 방수 - 액체 유입으로부터의 보호

 방진 코드

레벨	저항 수준	설명
0	저항 불가	해당 없음
1	낙숫물	1미터 빗물에서 1mm 방울 당 1분. 10분 테스트
2	15도 각도에서의 낙숫물로 부터 보호	분당 3mm 빗물, 2.5분간 각 15도 각도에서 10분간 테스트
3	스프레이	1분간 1제곱미터 거리, 5분간 테스트 분당 10리터 분사 수압: 50-150 kPA 분사 구멍당 0.07리터 분사
4	전방위 스프레이	모든 방향의 스프레이로 부터 10분간 테스트
5	전방위 저수압 분사	1제곱미터당 1분 범위 최소 3분간 테스트 분당 12.5리터 분사 수압: 3미터 거리에서 30 kPa
6	전방위 고수압 분사	1제곱미터당 1분 범위 최소 3분간 테스트 분당 100리터 분사 수압: 3미터 거리에서 100 kPa
7	1미터 까지 잠수	15센티미터에서 1미터까지의 테스트 1제곱미터 볼륨의 물탱크에서 가해지는 압력을 30분 동안 견뎌야 함
8	장시간 잠수	테스트 시간은 제조사와 협의 일반적으로 3미터까지 테스트

 IPX4 테스트

결론적으로, IP67이면 이물질 완벽보호와 더불어 1미터 깊이에서 잠수를 30분 이상 할 수 있다는 의미이다.

■ **열충격**

- 저온에서 고온, 혹은 고온에서 저온으로 극적인 온도 변화가 발생할 시 기기에 열변형이 발생하는 현상에 대한 저항력
- 일반적으로 영하 40도에서 영상 70도의 빠른 온도 전환을 견딜 수 있도록 개발

사진 2-6 열충격 테스터: 상단이 고온, 하단이 저온 테스트 공간

■ **ESD**

- 내부 절연파괴를 의미하며, 쉬운 표현으로 정전기로부터의 보호이다. 저항 수치도 중요하나, 모바일 기기가 ESD현상이 발생하면 메인보드가 죽는 치명적인 사태가 발생하므로, 면밀한 관리가 필요한 부분이다.
- 공중방전/직접방전/간접방전으로 제조사마다 고유의 수치를 제시한다.

B. 모바일에 접목된 운영체제들

표 2-3 모바일 운영체제 연대기

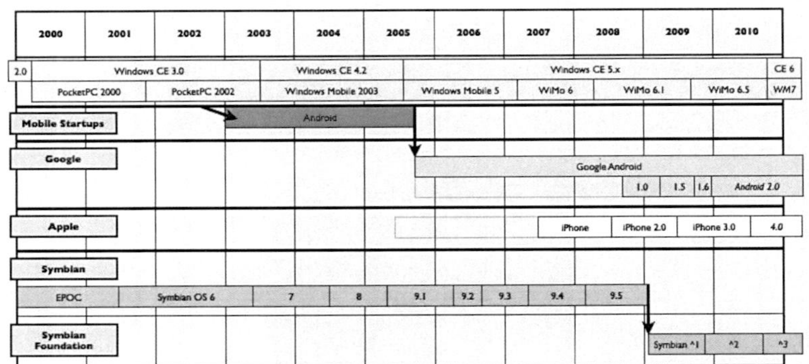

	2000	2001	2002	2003	2004	2005	2006	2007	2008	2009	2010
	2.0	Windows CE 3.0			Windows CE 4.2		Windows CE 5.x				CE 6
	PocketPC 2000		PocketPC 2002		Windows Mobile 2003		Windows Mobile 5	WiMo 6	WiMo 6.1	WiMo 6.5	WM7
Mobile Startups				Android							
Google							Google Android		1.0 / 1.5 / 1.6	Android 2.0	
Apple							iPhone	iPhone 2.0	iPhone 3.0	4.0	
Symbian											
EPOC		Symbian OS 6		7	8	9.1	9.2 / 9.3	9.4	9.5		
Symbian Foundation										Symbian ^1 / ^2	^3

2000년도 초반의 산업용 PDA의 운영체제는 거의 대부분 Windows
의 Embedded OS였고, Embedded OS는 다음과 같은 진화과정을
거쳐왔다.

- ■ Windows CE .NET 2.1
- ■ Windows CE .NET 3.0
  - • PocketPC 2000
  - • PocketPC 2002
- ■ Windows CE .NET 4.0
- ■ Windows CE .NET 4.1
- ■ Windows CE .NET 4.2
  - • Windows Mobile 2003

이 시점까지 기업사용의 PDA의 보급이 제법 왕성했으며, Dell의
Axim 시리즈 등이 진화를 거듭했다. 그러나 그 후 Industrial 분야의
모바일 장비들은 구분되어 급성장하였고, 다음의 운영체제들이 산업
용 PDA 개발의 주를 이루었다.

- Windows CE 5.x
  - Windows CE 5.0
  - Windows Mobile 5
  - Windows Mobile 6.0
  - Windows Mobile 6.1
  - Windows Mobile 6.5
- Windows CE 6
- Windows Embedded Hancheld 6.5
- Windows CE 7
- Windows Phone 7
- Windows Phone 8
- Windows 10 Phone

위의 운영체제들은 대부분 산업용 모바일에 적용된 기준으로 나열한
것이다. 사이사이에 다른 분야에서 쓰이는 운영체제들도 다수 존재하
지만, 산업용 모바일과의 연관성이 적으므로 생략한다. 위의 진화가
이루어지는 동안, 애플의 OS는 2008년 Windows Mobile 6.0 시절에
처음 데뷔했고, 안드로이드는 최초 개발이 2003년도부터 시작되었으
나, Google Android로 2005년도 후반에 전환, 최초 Android 1.0 운

영체제는 2008년도 후반 Windows Mobile 6.1의 시대에 발표되었다. 기업 및 산업시장에 연관된 운영체제의 내용은 4장 '산업용 모바일과 운영체제'에서 좀 더 상세히 소개하도록 하겠다.

C. 산업용 모바일 제조분야의 특성

산업용 모바일은 얼핏 보면 스마트폰과 매우 유사하다고 여겨질 수 있다. 스마트폰이 급격하게 진화할 때 시장의 충돌과 교차를 예측하는 움직임도 있었다. 그러나 막상 장비와 인프라에 투자를 하는 고객사 입장에서는 작은 요소도 치명적으로 작용할 수 있다. 그 결과로 아직은 각자의 시장을 달리고 있고, 각 특성은 다음과 같다.

표 2-4 산업용 모바일과 소비자 모바일 차이점 비교

구분	스마트폰 / 태블릿 (Consumer Device)	산업용 모바일 (Industrial Device)
품종/생산	소품종 대량생산	다품종 소량생산
유통방식	통신사 대리점 및 온라인을 통한 빠른 유통	B2B 솔루션 업체 유통 / 일부 온라인 쇼핑몰 판매
시장 유통 기간	시장판매는 6개월에서 9개월 사이 판매 시즌이 지나면 가격 하락 및 재고 처리 단계로 진입	시장판매 4년-5년 대체 불가한 유일한 제품의 경우 연장 판매
법인판매	B2B 사업 비중 상대적으로 저조. 종종 입찰 건 발생	대부분 입찰 기반의 법인 판매 소규모 판매도 기업위주
기기 수명	평균 2년-3년	기본 5년 + 부품 가용성 5년 = 총 10년 부품 단종시 교체 캠페인을 모든 판매 고객사에 적용
보증기간	무상 1년 제조사에 따라 추가 보증기간 프로그램 가용	무상 1년. 국가/대륙에 따라 2년이 트렌드인 경우 많음 워런티 유상 판매 필수 / 무상 제공은 제조사 역량에 따름
수리여부	고가의 LCD 교체 위주 / 협소한 수리 옵션	모듈 단위의 교체 가능 의무 (근래에는 메인보드가 스마트폰과 유사하게 제작되어 보드 전체를 교체하는 방식이 많아졌음) 몸체커버 / 스캔엔진 / 충전단자 등 탈착 가능한 부품은 수리 가능
글로벌 규격	다수 규격이 수출 국가별로 존재 단말기 상 큰 차이는 눈에 보이지 않음	시장요구와 사업성에 따라 규격이 계속 추가 (증가할 수록 유지보수에 상당한 자원 소모로 제한관리를 추구)
커스텀 사양	거의 존재하지 않음	특수 기능 모듈을 추가하는 커스텀 사양 제조 가능 (예: 결제 모듈, 생체인식, RFID 모듈, 프린터 등)
가격	스마트폰: 30만원 - 100만원 사이 태블릿 (WiFi 전용 기준): 12만원 - 45만원 사이	60만원 - 300만원 사이 규격/종류/기능 수준에 따라 다양
환경대응요소	극소수의 모델들이 방수/방진 지원	낙하/방수/방진을 일정 수준으로 지원 필수
배터리 용량	최대 3500 mAh 대부분 기기와 일체형	Handheld 모델: 최대 6000 mAh Tablet 모델: 평균 10000 mAh 일반 용량/대용량 구분 판매 선호 배터리 탈/부착 지원

상기의 유형들은 산업환경의 요구사항에 의해 구분되며, 기기 선택의 선호도는 다음과 같이 분석되어 있다.

표 2-5 산업용 모바일 기기 선호도

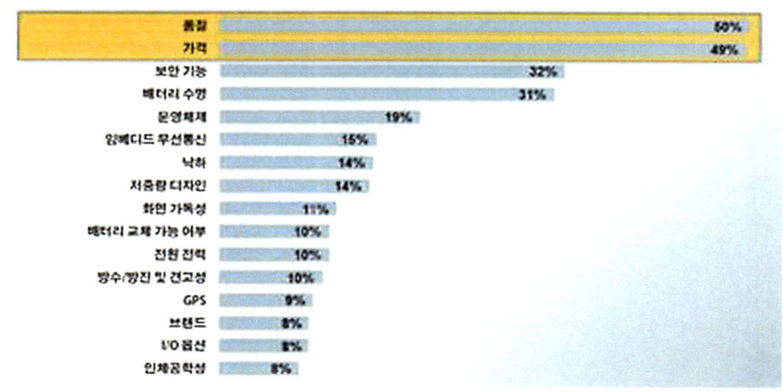

스마트폰 시장에서 활약하던 인력이 산업용 모바일에 합류할 시, 개발 인력은 적응이 비교적 빠르지만 시장을 직접적으로 접하는 사업개발, 영업 및 마케팅은 제대로 정착하는 데 시간이 소요된다. 위의 표처럼 비슷해 보이는 가운데 구매 유형을 가르는 많은 차이점이 있기 때문에 많은 학습과 경험이 요구되기 때문이다. 특히 고객사가 어떠한 기기를 어떻게 사용하는가에 대해 올바른 이해를 하기 위해서는 현장 체험이 풍부해야 한다. 산업용 모바일의 시장 분위기를 간략히 살펴보고자 한다.

D. 시장분야

특정한 요구를 지닌 기업이나 소비자를 상대로 적합한 상품이나 서비스를 판매할 수 있도록 형성된 시장을 버티컬 시장(Vertical Market)이라고 하며, 대/중/소 분류로 세부 정의를 할수록 매우 다양해진다. 각각의 산업계가 자동화와 업무 효율을 위해 어떠한 연구와 투자를 하는

지를 알아갈수록, 기기에 탑재된 기능들을 이해하게 된다. 산업용 모바일 시장의 대분류 영역과 사용 모습은 다음과 같다.

필드서비스 Field Service / Utilities

 시설현장 정보 입출력 관리

공공 / 정부 Public / Government

 도로법규 위반 범칙금 부과를 위한 신분증 스캔

헬스케어 Healthcare

사진 2-9 환자 진료 데이터 조회를 위한 스캔

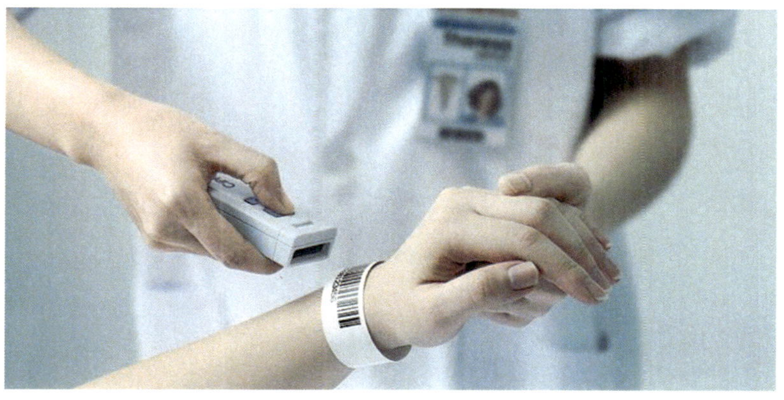

에너지 및 화학 Energy / Oil & Gas

사진 2-10 RFID를 사용한 전력 디터기 정보 처리

제조 Manufacturing

 제조 공정 입출력을 위한 바코드 스캐닝

운송 Transportation

 배송기사의 송장 바코드 스캐닝

물류 Logistics

 배송 수령 확인 서명

리테일 Retail

 점포 재고 관리

창고관리 Warehouse System Management(WMS)

 바코드 스캐닝을 통한 창고관리

E. 산업용 모바일을 개발하는 글로벌 AIDC 제조사들

러기드 핸드헬드(Rugged Handheld = 산업용 PDA)

1. Zebra Technologies

- Motorola Solutions
  - Psion
  - Symbol

2. Honeywell

- Intermec
- LXE

3. Bluebird

4. Datalogic

5. M3 Mobile

6. CipherLab

7. Denso

8. Casio

9. Newland

10. Cognex

11. Opticon

12. 그 외 타 제조사들

위 리스트를 보면, Zebra Technologies와 Honeywell는 예하 업체들이 리스트되어 있다. 이 표현의 의미는 인수합병되었다는 뜻이다. Symbol사는 당시 Walmart, Fedex 및 Pepsi 등의 메이저 고객사를 보유한 매우 막강한 AIDC 기업이었으나, 2006년 9월 한화 3.9조원으로 Motorola Solutions에 인수가 된다. 2015년까지도 일부 신제품들이 Symbol의 로고가 부착되어 출시됐다. 이어서 Motorola는 2012년 6월경, 세계 최초의 PDA를 선보였던 Psion을 한화 2000억에 인수해 버린다. Psion 단말기의 견고성은 망치와 흡사했다고 할 정도로 잘 설계됐었고, 매우 고가 제품이었으나 브랜드 충성도도 못지않게 높았다. Symbol과 Psion의 시장을 손에 쥔 Motorola Solutions의 AIDC 글로벌 시장 점유율은 40%를 넘어서며, AIDC 시장을 창출했다는 명성과 위용을 굳히게 된다. 그러나 또 다시 큰 이변이 발생하게 되는데, 2014년 4월 미국 일리노이 주의 글로벌 1위 프린터 업체인 Zebra Technologies가 자체 기업가치에 준하는 금액인 한화 3.5조원에 Motorola Solutions에 인수를 당해 10월에 완료한다.

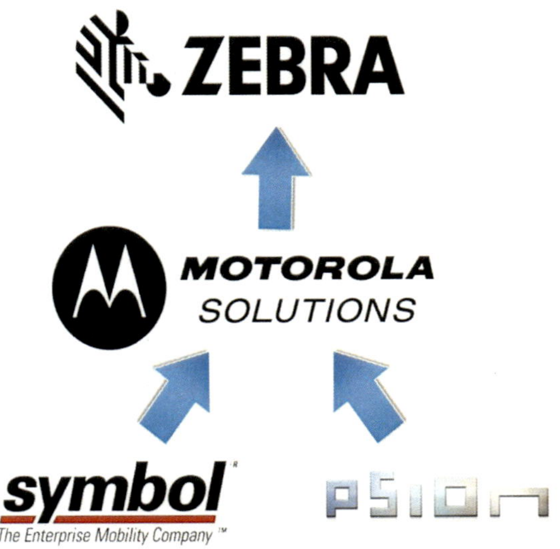

추가적으로, Motorola는 Motorola Solutions보다 좀 더 앞서 변화를
겪은 바 있다. Motorola는 2011년 초반에 Motorola Mobility라는 명
칭하에 모바일폰, 케이블모뎀과 위성TV 사업을 분사시킨다. 그러나
불과 몇달 후인 2011년 8월에 구글사에 한화 12.5조에 인수되고, 안드
로이드 스마트워치 개발과 모듈러 스마트폰 'Project Ara'에 초점을 맞
춘다. 그럼에도 불구하고 Motorola Mobility는 2014년 10월에 중국
레노버사에 한화 2.9조원에 다시 넘어나게 된다. 이후 레노버의 스마
트폰 'Vibe'브랜드와 'Moto'를 함께 시장에 내놓았고, 2017년 3월부로
모토롤라의 레거시를 보존하는 차원에서 향후 모든 제품은 'Moto by
Lenovo'로 할 것을 발표하였다.

경쟁사인 Honeywell 또한 열띤 인수합병을 수년간 진행하였다. AIDC 제조 브랜드인 LXE를 소유했던 EMS Technologies를 2011년 8월에 인수한 것을 비롯해 EMS의 다양한 사업을 흡수했다. 이어서 2012년 10월에 Welely Allyn 계열사인 Handheld Products와 Metrologic 등 두 AIDC 기업 인수, 2013년 9월에는 글로벌 순위 4위를 점유하던 AIDC 브랜드 인터덱(Intermec)을 한화 6,000억원에 인수하며 Zebra와 더불어 AIDC 생태계에 변화를 일으켰다. 최종적으로 2015년 5월에는 글로벌 프린터 제조사인 Datamax O'Neil을 한화 1,850억원에 인수하며 리테일, 창고, 물류 및 헬스케어 시장에서 더 큰 힘을 얻게 된다.

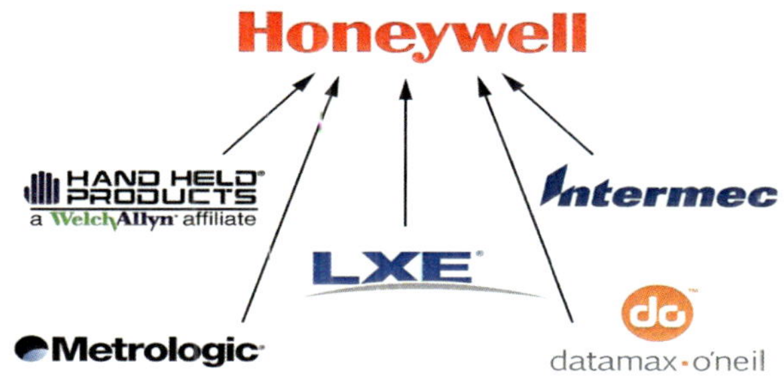

치열한 인수합병으로 덩치가 불어난 두 거인 기업이 글로벌 점유율의 절반 이상을 차지한 가운데, 국내 기업들도 수년간 위협적인 경쟁력을 발휘해 왔다. '블루버드'사는 혁신 개발로 항상 'World First' 제품을

시장에 선보였다. 과거에 모토롤라를 앞서 3G 모뎀을 최초로 장착한 단말기를 선보여 글로벌 시장에 국산 제품의 개발력을 입증하였고, Windows Embedded 계열의 운영체제가 대다수였던 시장에 세계 최초로 'Rugged Android'를 개발/출시하여 2011년에 산업용 안드로이드의 첫 활로를 열었다. 산업용 안드로이드가 윈도 운영체제에서 전환했던 시장 패러다임의 중요성은 '10장 모바일 생태계 변화'에서 설명하도록 하겠다.

국내 기업들은 업종을 불문하고 종종 '우리는 빠르게 추격해서 수익을 낸다'는 형태의 방향을 제시하는 경우가 많고, 임직원들은 회사의 이런 경영철학을 어렵지 않게 접할 수 있다. 그러나 블루버드사의 행보는 '혁신'을 향하였고, 많은 도전을 헤쳐갔다. 첫 산업용 안드로이드 단말기 모델에 이어, 2012년에는 산업용 안드로이드 태블릿도 개발하여 글로벌 산업용 태블릿 양대산맥인 Panasonic과 Motion Computing에 과감하게 도전장을 던졌다. 태블릿의 포지서닝을 정확히 노려 마케팅을 하였고, 지나친 고가 제품이라는 평가를 받던 Panasonic의 잠정 고객들은 블루버드사로 시선을 돌렸다. 이 때 당시의 산업용 모바일 시장에서 안드로이드는 프로세스와 IT자산 운영에 명확한 계획을 세우는 역량이 있는 기업들 사이에서만 주로 이루어 졌고, 일반적으로 백 엔드 시스템들이 대부분 윈도 모바일 군 운영체제에 맞춰져 있었다. 핸드헬드 단말기 군은 3.5인치 화면이 대부분이었고 7, 10인치 태블릿은 그 화면에 맞는 사용자 인터페이스에 도입되었다. 블루버드는 2013년 하반기 산업용 안드로이드 글로벌 시장에 기존의 3.5인치를 벗어난 5인치 화면을 출시하고, 모토롤라는 제브라사의 인수합병을 거친 후 블루버드보다 1년이나 늦게 4.7인치 화면의 제품을 출시하게 된다.

러기드 태블릿(Rugged Tablet= 산업용 태블릿) 글로벌 순위

1. Panasonic

2. Motion Computing

3. DRS Tactical Systems

4. Xplore Technologies Corporation

5. GD-Itronics

6. Mobile Demand

7. Getac

8. DT Research

9. DLoG(2017년 Advantech사에 의해 인수합병)

10. 그 외 타 제조사들

기업이 취급하는 정보 입출력과 애플리케이션이 보유하는 기능들의 숫자들에 따라 화면 크기는 매우 민감하게 작용한다. 선진 시장인 유럽에서는 단말기 도입을 고려할 때, 고령자 임직원이 모두 화면의 글자를 판독하는 데 문제가 없는 폰트 크기까지 고려한다. 사용자 인터페이스가 포함해야 할 요소와 폰트 크기까지 모두 고려한다면 화면 크기는 기기 선택에서 지대한 영향을 미친다. 휴대를 하는 빈도 및 운영체제 기반이 고려될 때, 한 손에 쥐는 단말기 사이즈가 답이 아닌 환경들이 있다. 이러한 시장을 위해 'Rugged Tablet'이 공급된다. 산업용 태블릿의 양대 산맥은 Panasonic사와 Motion사이다. 터블릿의 두

께가 얇지 않으나, 내부 구조와 환경 스펙은 최상급으로 구현되어 있고, 매우 고가에 팔린다. 가격에 민감한 기업에 대응하는 저가 모델과 성능 가격 포지션을 중저 범위에 맞춘 제조사들도 계속 등장한다.

산업용 태블릿은 시장의 니즈에 따라 커스터미제이션이 큰 역할을 할 수 있는 공간이 많다. ID리더기, 바코드 스캐너를 장착할 수 있는 점 이외에도, 큰 화면의 이점을 살려 가볍고 휴대성이 높은 저가형 POS(Point of Sales-판매정보관리 시스템)를 구현할 수도 있다. 일반 소비자 태블릿으로 구현하고자 하면 MicroUSB나 헤드셋 단자를 응용하는 모듈을 결합시키는 것이 가능하다. 하지만 전문성이 결여되어 보이는 이미지와 소비자 기기의 빠른 운영체제 업데이트 주기, 짧은 라이프 사이클을 고려하면 산업환경에 맞추는 것이 녹록지 않다.

F. 모바일 결제 솔루션

다양한 결제 기술들과 플랫폼들이 쏟아져 나오고 있으나, 모든 판매
상이 필요로 하는 결제기 시장은 자동인식 시장보다도 광범위하다.

 모바일 POS를 통한 신용카드 결제

국내의 수많은 백화점에서 활용된 블루버드사의 BIP-1300은 전 세계
적으로 혁신을 인정받은 All-In-One 결제 단말기이다. 바코드 탑재를
기본으로 2인치 영수증 프린터, 신용카드 MSR, IC칩 리더기에 하드
웨어 키패드까지 보유하여 리테일 시장과 공공분야에서 오랜 시간 사
랑을 받아왔다. 이미 사업 초반에 시장을 선점하여 타 경쟁모델들이
진입할 틈이 거의 없었고, 대체할 수 있는 기술의 등장 또한 더뎠다.

BIP-1300은 다른 모바일 기기의 판매 라이프 사이클을 훨씬 더 넘어서도 판매가 이루어졌다. 국내에서는 야외 공영주차장 주차료 징수, 담배 범칙금 부과, 백화점 계산대에서 볼 수 있고, 또한 수많은 항공사의 기내 면세 판매 카트에서도 쉽게 볼 수 있다.

전통적인 결제 기술은 접촉식(Contact)과 비접촉식(Contactless) 두 가지로 나눌 수 있다. 접촉식 결제시장에서 글로벌 시장의 큰 부분을 차지하는 MSR(Magnetic Strips Reader)이 통용되는 국가들은 일반적인 요구사항만 충족하면 되지만, 일부 선진국은 결제문화가 매우 다양하여 수출 시 제반조건이 복잡하게 따른다. 특히 영국과 북유럽 일대는 한국이나 미국처럼 MSR 결제 영수증에 서명을 하는 방식이 아닌, Chip and Pin이라는 결제방식을 통용한다. Chip and Pin은 IC Chip과 Pin 번호를 조합한 약어로, 카드를 MSR 리더에 통과시키는 것이 아닌, IC 리더기에 삽입하고 카드 소유주의 비밀번호를 입력해야만 결제가 승인되는 보안문화이다. 또한 Chip and Pin방식이 도입되는 것뿐만 아니라 카드정보 도난 방지를 위해 Tamper 모드를 적용한다. 결제 Tamper는 단말기 내부 메모리에 저장된 카드 정보를 빼내려는 시도까지 막기 위한 기능으로, 20여 가지 이상의 해킹 시도 사례를 단말기가 인지한다. 해킹으로 인식되는 순간 영구슬립모드(Permanent Sleep Mode)로 진입하여 해킹을 무력화한다.

비접촉식 결제(Contactless Payment)는 국내의 T-Money를 생각하면 어떻게 사용되는지 바로 이해할 수 있다. RFID의 한 형태인 NFC(Near Field Communication)를 사용하여 매우 빠른 속도로 결제가 가능하고,

분주한 환경에서도 결제가 빨라 고객 순환이 잘 이뤄진다. 대개 공급 자들은 비접촉식 결제는 현금이나 신용카드 구매 때보다 2배 더 빠른 속도로 운영된다고 말한다. 이러한 이점을 제공하기에 앞서, 고객들의 신용카드는 대부분 결제의 양대 산맥인 Visa와 Master인 경우가 대 부분이다. 신용카드와 T-Money를 통용하는 것 또한 제조사가 기기 출시를 지연시키는 원인으로 작용한다.

각각의 Visa와 Master 카드들은 결제기에서 합법적으로 작동하기 위 해 인증을 요구한다. Visa의 PayWave인증, Master의 PayPass의 인 증은 비접촉식 결제기를 개발하는 데 있어 필수라고 보면 된다. 인증 을 받으려면 절차 대응의 수준에 따라 짧게는 수개월, 길게는 1년 이 상이 소요된다. 인증을 성공적으로 받은 제조사의 결제기는 표면에 PayPass 혹은 PayWave가 표기되어, 고객이 보유한 신용카드가 비접 촉 결제가 가능함을 쉽게 보여준다.

 마스터카드의 Paypass - NFC 결제

또한 제조사는 기기 출시 이전에 각 수출목표 국가의 결제시스템(Pay-ment Processor) 및 매입사업자(Acquirer)와 협력관계를 맺어 놓아야 한다. 우리나라의 경우는 한 회사에서 신용카드 발급과 매입업무를 동시에 수행하는 것이 보편적이므로 Processor와 Acquirer를 굳이 구분하지는 않으나 미국과 유럽연합의 경우는 각각의 업무를 수행하는 업체가 명확히 나뉘어져 있으므로, 결제기 도입에 있어 꼭 거쳐야 하는 단계이다. 결제기 제조업체가 역량이 있다면, 목표 수출시장에서 높은 점유율을 차지하고 있는 은행에 영업력을 발휘해 그들의 시스템에 얹혀 가는 것 또한 방법이다. 은행의 요구사항을 충족하고 공급가 협상을 하여 빠른 진출을 꾀할 수 있다. 지금까지 소개된 절차만 보아도, 결제기를 개발하는 데에는 충분한 시장조사와 B2B 영업이 있어야 한다는 걸 알 수 있다. 특히 요즘은 결제 방식이 매우 다양해짐으로써 개발하고자 하는 제품이 해당하는 결제 시장을 잘 이해하고 있는 영업조직을 만들고 개발인력을 충원하는 것 또한 중요하다. 알려진 바로는 인력 충원이 쉽지 않은데, 결제기를 개발할 수 있는 연구원은 매우 귀하여 몸값 또한 높다고 한다.

지금까지, 우리가 흔히 알고 있던 스마트폰 혹은 태블릿 이외에 오랫동안 존재해 왔던 산업용 모바일의 기본적인 사항을 살펴 보았다. 우리가 알고 있는 모바일의 기능들과 크게 다르지 않고, 특정 목적을 위해 개발되었으며, 모바일 기기 관리의 초기 세대라고 볼 수 있다. 오늘날의 모바일 기기 관리는 이 산업용 모바일 시장에서 운영되어 진화하고 발전해 왔다는 점을 기억하고, 우리 일상 주변에서 실제 사용되는 모습을 보며 각 산업군이 모바일로 어떻게 비용을 절감하는지 생각해 볼 수 있는 계기가 되기를 희망한다.

3

산업용 모바일의 자동인식 기술

앞장에서 소개한 AIDC가 기여하는 자동인식은 생각보다 일상 가까운 곳곳에 존재한다. 필자도 어린 시절 주변 남자 지인들이 첨단 기술들에 대해 거론하며 놀라운 미래가 올 것이라고 상상하던 시절도 있었다. 실제로 업계에서 종사하기 시작하며 과거의 신비와 동경이 실제 지식과 체험으로 전환되었고, 산업 IT 기술의 모든 업체들이 얼마나 치열하고 도전적인 일을 하고 있는가를 피부로 느끼게 되었다. AIDC의 모든 것들은 우리가 무의식적으로 목격하고 사용하며, 관련 뉴스들을 TV 보도를 통해 경청하고 있다. 그 중 산업용 모바일에 접목된 기술들을 간략히 소개하고자 한다.

A. 바코드 스캐닝

 주변에서 흔히 찾을 수 있는 바코드 스캐닝

사전적 개념으로는 '데이터를 나타내고', '기계가 읽을 수 있는' 코드이
다. 코드의 종류도 매우 다양하고, 실제 업계 사용을 구분짓기 시작
하면 설명 범위가 굉장히 넓어진다. 지금 읽고 있는 이 책에도 ISBN을
접목한 바코드가 인쇄되어 있고, 이러한 바코드를 카메라로 인식하여
웹브라우저로 전송하면 바로 책 정보가 나오게 된다. 또한 우리가 평
소에 받는 모든 택배 박스에 붙어있는 운송장에도 긴 길이의 바코드
가 포함되어 있다. 배송완료를 본사에 원격으로 알리는 절차에 사용
된다. 이와 같이 데이터 정보를 처리할 수 있는 방법은 기업 환경별로
끝없이 응용될 수 있다. 프로세스로 처리되기에 앞서, 데이터의 종류
와 식별 기준들이 정의되어야 하고, 이 기준정보의 역할을 바코드가
하게 된다. 작은 점포에서 판매하는 물건들부터 초대형 창고의 물류
들 흐름에까지 다양한 분야에서 활용되고 있다. 더 진보된 코드나 인
식 매개체가 등장함에도 불구하고 큰 변함없이 사용되고 있으며, 자
동인식에서 가장 오래된 매체이다.

B. 1D 바코드(Linear Barcode)

라인, 사이 간격 및 패턴의 조합으로 구성된 1세대이다. 30개 이상의 다양한 포맷이 존재하며, 이 중 몇은 특정 국가에서만 사용되는 경우도 있다. 그 중 몇 샘플을 소개한다.

전 세계의 소비물류에 사용되며, ISO/IEC 15420로 분류된 국제규격 기준들은 다음과 같다.

Universal Product Code: UPC-A, UPC-E로 통칭된다.

EAN 8 / EAN 13

업계 전방위로 구분없이 다양하게 활용되는 바코드는 다음과 같다.

Code 39(국제규격기준 ISO/IEC 16388)

Code 128(국제규격기준 ISO/IEC 15417)

스캔 매체가 레이저인 경우, 인식하는 패턴은 다음과 같다.

C. 2D 바코드(Matrix Code / QR Code)

2차원 구조를 보유하고 있고, 1D 바코드보다 훨씬 더 방대한 데이터를 포함시킬 수 있다. 20가지 이상의 포맷이 있고, 그 중에는 우리가 흔히 알고 있는 QR Code도 포맷 중 한 가지이다.

QR Code(국제규격기준 ISO/IEC 18004)

PDF 417(국제규격기준 ISO/IEC 15438)

417에서 첫 4는 각 문자를 인코딩하는 데 사용되는 바와 간격을 나타
내고, 그 뒤의 17은 8개의 바와 간격들의 총 너비가 17unit이라는 의미
이다. 512문자를 저장할 수 있고, 이는 QR Code 4배의 분량이다. 높
은 데이터 보유 외에도, 에러 수정과 데이터베이스 구현에 매우 용이
하다는 장점이 있다. 상기 샘플은 필자가 온라인 PDF417 생성기 사이
트에서 'I hope this book can come handy for your AIDC under
-standing.'이라는 문자를 입력하여 만든 것이다. 해외에서는 운전면
허 혹은 신분증에서도 많이 찾아볼 수 있고, 특히 해외여행이 많은 요
즘, 항공권에서도 사용된다.

D. RFID(Radio Frequency Identification)

전자기필드를 이용해 물체를 추적하여 ID를 식별하는 시스템이고, 쉽
게 '전자태그'로 불리기도 한다. AIDC 솔루션 구현의 한 방식이고, 각

태그는 안테나와 회로로 이루어져, 전파에 응답하여 전자 데이터를 수집하는 기술이다. 리더기가 먼 거리에서도 태그를 읽을 수 있는 점, 한 번의 스캔으로 200개 정도의 태그를 읽어들일 수 있는 점, 그리고 태그를 추적할 수 있다는 세 가지가 바코드보다 우월한 면모다. 역사도 제법 오래된 기술이다. 최초의 형태는 세계 2차대전 중, 영국이 자국 전투기를 식별하기 위해 IFF(Identification of Friend or Foe) 시스템을 개발할 때 등장했다. 80년대에 Electronic Toll Collection 제조현장에서 물류관리 및 자동화에 응용되기 시작하여, 90년대에 국제 표준화 기구인 ISO를 거쳐 2000년부터 물류 관리에 본격적으로 사용되기 시작하였다. 그렇게 거대한 혁신으로 기대되었던 기술이지만, 도입 비용이 바코드 대비 현저히 높아 적어도 지난 10년간 느린 성장을 해온 기술이다. 그러나 이제는 RFID 태그 비용이 낮아질 만큼 낮아졌다는 평이 지배적이 되었고, 사물인터넷 분야에 접목이 가능하다는 견해도 있어, 오히려 긍정적인 미래가 예상된다. RFID는 정말 방대하고, 현장에 도입하고자 하는 태그 1개 종류당 각각의 도전과제가 발생하여 관련 사업 자체가 매우 어렵다.

바코드와의 간단한 비교는 다음과 같다.

표 3-1 바코드와 RFID 차이점 비교

구 분	바코드	RFID
인식방법	광학식(읽기 전용) 태그 노출 필수	무선(읽기/쓰기) 태그 노출 불필요
데이터 크기	수십 단어	수천 단어

인식거리	스캐너 모듈과 바코드 면적에 좌우 일반 ~ 50㎝ 특수 ~ 25m	태그와 리더기 유형에 좌우 LF 10㎝ HF 2㎝ ~ 1m UHF ~ 100m
인식속도	개별 스캐닝	최대 수백개
가격	인쇄로 생성(10원 미만)	태그 당 수십원 - 수천원

용도를 살펴보면, RFID태그는 각 산업 분야에서 다양하게 사용된다. 자동차 생산라인에서는 각 조립공정 추적, 제약업체는 각 단계별 창고에서 품목 추적에 사용한다. 목축업에서는 동물의 신체에 태그를 심거나 귀에 태그를 달아 건강상태를 모니터링하는 목적으로 사용하고, 전기산업 분야에서는 각 건물의 전력계를 읽는 등 응용하는 만큼 생산적인 결과를 얻는다. 태그가 이유없이 가격 이슈가 있는 것이 아닌 만큼, 바코드보다 월등한 기능 구현을 할 수 있다는 장점이 있다. 가장 활성화되어 있는 RFID 사용분야는 다음과 같다.

- 물류
- 주차관리
- 자산관리
- 보안
- 결제
- 제품 트래킹
- 신분증/신원조회

2014년도에 글로벌 RFID 태그, 리더기, 소프트웨어를 통합한 시장규

모는 한화 10조 원에 달하였고, 2026년까지 한화 21조 원에 육박할 것
으로 전망하고 있다. 시장규모 성장 폭도 높은 수준이고, 정체된 전례
가 없었던 만큼 실제 도입이 원활할 것으로 추정된다.

RFID는 단독으로도 수많은 서적이 발간되어도 아직 끝이 없는 만큼
방대하고, 모바일과 EMM의 연결성을 나타내고자 하는 이 책에서는
모바일 영역에서 활용되는 분야로 초점을 맞추겠다.

i. RFID 유형

- 능동형(Active)
  - 배터리를 포함
  - 실내 최대 30m / 야외 최대 100m 이상의 거리로 정보 전송

- 수동형(Passive)
  - 배터리 미사용
  - 소형에 가벼움
  - 반영구적 사용 가능

- 반수동형
  - 신호음, 깜빡이 기능
  - 센서등과 함께 사용

ii. 주파수 대역 분류

1. LF(Low Frequency) RFID: 120-150kHz

 LF 글래스 태그. 이러한 캡슐형은 가축의 몸속에 투입시켜 판독할 때 사용

LF 태그는 주로 가축들의 사육 관리(Animal Identification), 출입보안 및 환자관리를 위해 도입된다. 위 사진의 LF 글래스 태그는 성냥개비 3분의 2 크기 혹은 더 작은 몸체로 화학물질에 대한 저항이 있고, 열변화에도 버텨낼 수 있는 속성이 있다. 금속성, 목재, 물 등 다양한 표면에 설치될 수 있다는 것이 장점이다.

농장의 경우, 소 귀에 LF 태그를 채워서 각 소의 식별자를 저장하고 매일 체온측정, 투약 및 각종 건강 이력을 저장한다. 만약 우유를 생산하는 소라면, 원유의 품질과 생산량을 기록하고 분석하여 관리의 방식을 개선해 나가는 기초자료로 사용한다.

2. HF(High Frequency) RFID: 13.56MHz

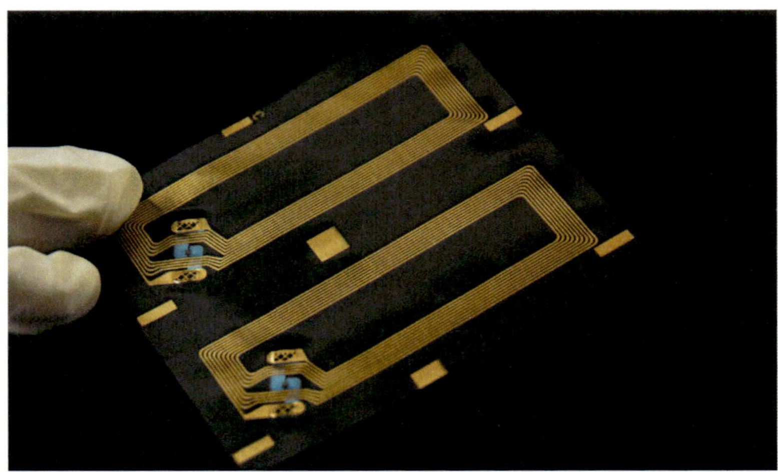

아주 가까운 거리의 무선 통신이 가능하며, 전원이 필요없는 수동형 방식이다. HF 태그는 금속부터 액체까지 전반적으로 모든 물체에 잘 작동할 수 있다. 인식거리는 일반적으로 2~3㎝이나 최장 1m까지 인식할 수 있는 종류도 있다. 주로 도입되는 분야는 전력사용량 관리, 재고 관리, 환자이력 관리 그리고 대중교통 티케팅이 대표적이다.

안드로이드 스마트폰에 내장되어 있는 NFC(Near-Field Communication)도 HF와 같은 주파수와 ISO 14443-A, ISO 14443-B 프로토콜을 동일하게 사용한다. NFC는 2002년도에 Sony and Philips Electronics에서 개발했다. 흔히 사용하는 Bump기술과 T-Money 결제 등이 NFC

를 통해 응용된 것이다. 도입분야와 성격은 HF RFID와 다르다. NFC는 '모바일 결제' 분야에서 압도적인 비중으로 성장하고 있다. 추가적으로, NFC는 카드를 응용한 분야 및 특정 시장영역에서 ISO 15693 프로토콜도 지원한다.

HF와 NFC의 결정적인 차이는 시스템 구조이다.
- HF: 안테나, 리더기, 태그의 구조
- NFC: 자체적으로 태그와 리더의 역할을 함

3. UHF(Ultra High Frequency) RFID: 865-868MHz (유럽) / 902-928MHz(북미)

UHF는 모든 종류를 다 모으면 300MHz에서 3GHz까지 지원한다. 2.4GHz 대역부터는 Microwave로 분류하기도 하나 기관마다 차이가 있다. 이 장에서는 '산업용 모바일'에 관련된 RFID를 소개하고자 하므로 모바일 UHF 관점에서 소개를 하겠다. UHF는 LF와 HF 대비 월등히 먼 인식거리와 방대한 데이터 전송을 제공한다. 단, 주파수의 파장이 더 짧기 때문에 금속이나 물을 통과하지 못한다.

글로벌 시장에서 주로 통용되는 UHF 태그들을 살펴보면 다음과 같다.

 UHF RFID에 활용되는 태그 예제

태그	태그명	실내 인식 거리	야외 인식 거리
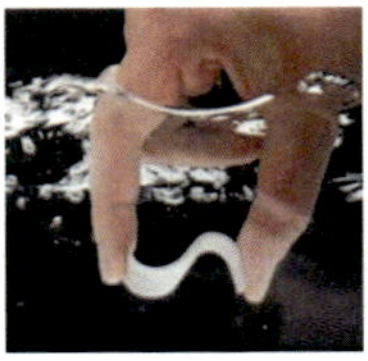	FUJITSU WT-A522 UHF RFID LAUNDRY TAG	최소 10~20㎝ 최장 3m	해당 없음
	OMNI-ID PROX LABEL RFID TAG	최소 10~20㎝ 최장 3.5m	해당 없음
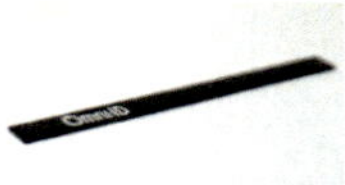	OMNI-ID FIT 210 RFID TAG	최소 10~20㎝ 최장 1m	해당 없음
	Monza 5 IC	7m 이상	7m 이상
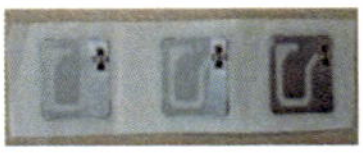	Avery Dennison	30㎝	30㎝
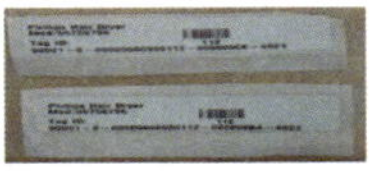	Avery Dennison AD-233M5	7m 이상	7m 이상
	Smartrac Belt Inlay	6m 이상	6m 이상

위와 같은 태그들이 상황과 애플리케이션에 맞춰 선별적으로 도입될 때, UHF는 바코드 스캐닝보다 훨씬 우월한 기능을 발휘한다.

자산 추적(Asset Tracking)

 UHF 자산 추적 솔루션

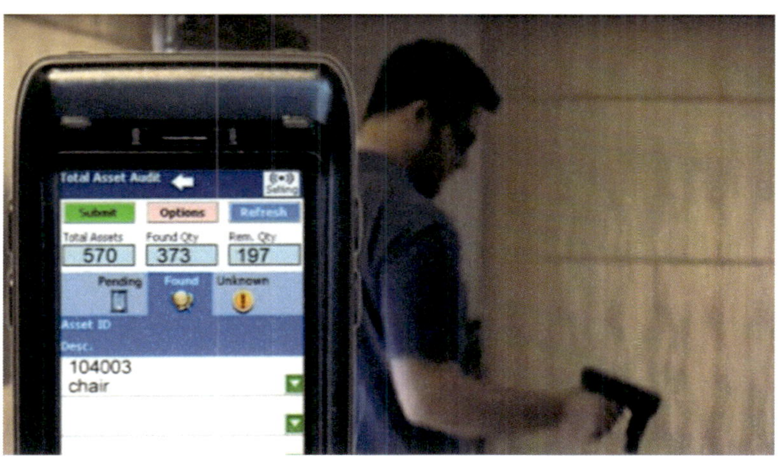

위 사진에서 예로 보여지는 것은 DominateRFID사가 개발한 애플리케이션이다. 의자 교체를 위해 이미 부착된 태그를 모바일 UHF 기기로 추적하면, 근접센서가 알람과 화면의 수치를 통해 해당 아이템을 찾을 때까지 안내한다. 보석, 보안문서에도 주로 사용된다.

재고 수량 조회(Stock Count)

 UHF를 사용한 창고 내 재고 조회

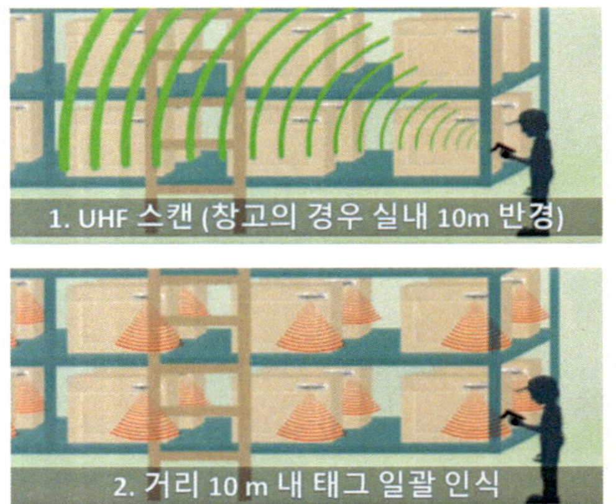

창고형 마트만 방문해 봐도, 수많은 품목이 층층이 쌓여 있고, 그 위치는 수미터 높이에 달해 작업자들이 작업을 할 수 있도록 산업용 모바일 전용 장거리 스캐너가 탑재를 했었다. 몇 해 전까지만 해도 장거리 스캐너의 인식거리는 대략 6m 정도였고, 물품에 부착된 바코드 라벨은 크기가 A4용지 면적이 일반이었다. 2년 전부터 인식거리 25m를 보유한 스캔 엔진들이 시장에 나와, 산업용 모바일 기기들의 성능이 대폭 강화될 수 있었다. 그 정도 거리에서 인식할 수 있다면 어지간한 창고 내 물품들은 바닥에 서서 모두 스캔이 가능하다. 그러나 재고 조회를 해야 한다면, 역시 품목 한 개마다 일일이 스캔을 해야만 한다. 위 UHF의 재고조회 업무 그림은 RFID가 근본적으로 업무 효율성에서 바코드와 다름을 보여준다. 모바일 기기의 스캔버튼을 누르

기만 해도 한번에 200개의 태그들이 단 몇 초만에 인식되어 재고 내역이 화면에 출력된다. 시스템에 투자한다면 업무 효율성을 극대화할 수 있다.

위와 같은 예제들은 바코드 스캐닝의 취약점을 RFID가 어떻게 극복하는지를 보여주고 있다. 다음 표는 재고관리 측면에서 두 시스템을 비교한 것이다.

표 3-3 바코드 스캐닝과 UHF 리딩의 차이 비교

기능 항목	바코드	UHF
인식률	스캔당 태그 1개	초당 100개 수준
인식거리	탑재된 바코드 엔진에 좌우	~ 10m
스캔을 위한 조준	필수	불필요. 컨테이너 트과 스캔
태그에 정보 저장	불가	읽기/쓰기/편집/업데이트
태그 추적	불가	광범위한 검색/추적 기능
보안	불가	태그 암호화/비번 적용 가능

UHF 리더기가 장착된 모바일 기기는 다음과 같은 모습을 하고 있다.

 UHF 리더기가 탑재된 산업용 모바일 기기

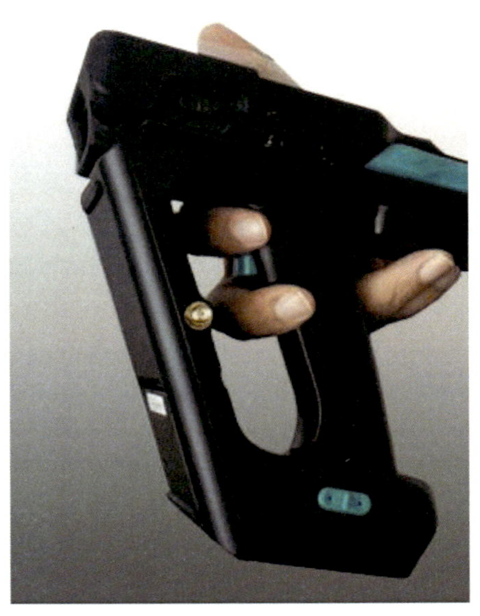

스캔 버튼이 방아쇠 형태로 디자인되어 있고, 기기 머리와 손잡이를
이어주는 평면 내부에 UHF 안테나와 모듈이 내장되어 전파를 방사하
여 태그를 인식하는 방식이다. 산업용 모바일 특성인 견고성과 수리의
용이함으로 특정 분야에서 상당히 필수적이다. 또 다른 업계 특징으
로, 바코드 기반의 산업용 모바일은 제조사 순위가 측정될 수 있는 반
면에 UHF 모바일 단말기 시장은 현실적으로 우위 평가가 어렵다. 사
실상 UHF 산업용 모바일 시장에서는 '절대강자' 혹은 '챔피언'이 존재
했던 적이 없다. 고가 시스템의 특수한 시장이라는 이유도 있으나 기

술적 우위가 고객사의 마음을 잡기 어려운 부분도 있다. 결국 다각화
된 전략을 펼친 소수의 제조사가 RFID 분야에서 명성을 쌓아 시장
점유율을 확보하고 있는 것이다.

E. 생체인식(Biometric)

국내 언론에서 생체인식은 FIDO가 주로 검색 될 수 있다. 지문인식을
먼저 살펴본다면, 글로벌 산업계에서는 보안 혹은 금융 관련 분야에
많이 접목된다. 사람의 지문에는 144가지 특장점들이 있고, 개발된 알
고리즘을 통해 그 중 11개가 일치하면 같은 지문으로 인식한다. 지문
의 개인 식별 원칙은 만인부동(萬人不同)과 종생불변(終生不變)이다. 두 사
람의 지문이 우연히 일치할 확률은 10억분의 1 수준이고, 평생 변하
지 않는다는 특성이 그것이다. 신분증 체계가 다소 성숙하지 못한 신
흥국가들의 경우, 한 개인이 다수의 신분증으로 은행 계좌 등을 복합
적으로 운영하여 범죄에 악용되거나 추적이 어려운 일도 비일비재하
다. 국가의 신분증 발행 시스템을 개편하는 정부 사업에서 기본적으
로 고려돼야 할 사항이다. 지문인식 솔루션을 전 세계에 수출하는 업
체들이 당면한 난제는 여러가지 있지만 그 중 일반적인 것은 '융선'이
다. 인종마다 피부와 지문의 융선 깊이가 상대적으로 깊거나 얕을 수
있다. 얕은 경우 인식 시에 패턴이 아닌 꽉찬 검정색으로 출력되기도
한다. 이 때문에 지문인식 모듈과 소프트웨어를 개발하는 업체는 국
가와 인종 간 다양성까지 고려하여 개발제품이 모든 경우를 소화할
수 있도록 노력한다.

2016년도에 소유주 인증을 홍채인식으로 하는 S사의 스마트폰이 화제가 된 적이 있다. 심지어 2017년 4월에 출시한 모델은 더욱 진보돼 빠른 인식속도를 보였다. 홍채인식은 지문과 비교해 봤을 때 정교함이 뛰어난 기술로서, 보안관리의 정교함 또한 흥미롭다. 홍채는 200가지 이상의 특장점을 보유하고 있고, 복제가 원천적으로 불가하며(지문은 실리콘으로 복제가 가능), 사망한 사람의 홍채까지도 인식이 가능하다. 지문과는 달리 비접촉방식의 인증이고, 일란성 쌍둥이조차 홍채는 다를 정도로 유전적인 영향을 받지 않는다. 인증속도는 1초 이내이고, 10번 이상 등록을 해야 하는 지문과 달리 홍채는 1번의 등록으로 완료된다. 인식 오류의 측정도인 FAM(Force Acceptance Measure) 수치를 다음과 같이 지문과 비교해도 정확도에서 월등하다.

■ 지문 = 0.02%

■ 홍체 = 0.0001%(안구 한 개만 인식할 경우의 수치임. 안구 두 개를 모두 인식
할 경우 훨씬 낮음)

F. MSR(Magnetic Stripe Reader - 자기 띠 판독기 혹은 카드리더기)

 MSR을 통한 대금 결제

신용카드와 같이, 플라스틱 카드에 자성체 물질을 띠 모양으로 입히
고 필요한 정보를 기록한 카드를 읽는 모듈이다. 지난 장에서 소개
한 결제기처럼 우리가 긁는 신용카드는 이 MSR를 통한다. 그 외에
도 해외 운전면허증, 멤버십 카드 등 다양한 용도로 사용된다. 카드의
Magnetic Stripe은 세 개의 트랙을 각각 2.79㎜ 너비로 보유하고 있
고, MSR는 이들을 읽어 낼 수 있어야 한다.

- Track 1 - 밀리미터당 8.27 bits의 정보를 기록

- Track 2 - 밀리미터당 2.95 bits의 정보를 기록

- Track 3는 카드상에 물리적으로 나타나 있지 않는 경우가 많거나, 글로벌 네트워크에서 가상적으로 사용되지 않는다.

각 트랙은 7-bit의 알파벳/숫자 문자 혹은 5-bit의 숫자를 저장할 수 있다. Track 1 기준은 IATA(Airlines Industry)에 의해 생성되었고, Track 2기준은 ABA(Banking Industry)에 의해 생성, Track 3 기준은 Thrift-Savings Industry에 의해 생성되었다.

G. OCR(Optical Character Reader - 광학문자인식)

 여권 하단의 OCR

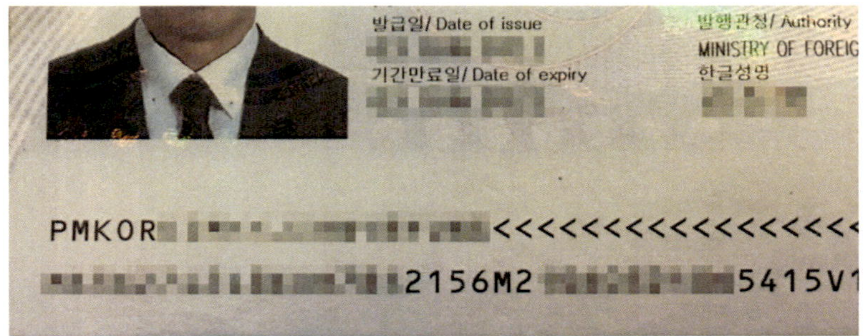

OCR은 소프트웨어가 스캔된 문서사진에서 문자를 판독하여 축출하는 소프트웨어 기술로도 알려져 있다. 정확한 개념으로는 '기계가 읽을 수 있는 문서'이고, 여권의 MRP(Machine Readable Passport) 및 기타 인코딩 된 카드를 읽을 수 있는 범위를 포함한다. 산업분야는 공항

입/출국 심사, 체크인, 국경츨입심사 등이 가장 많다. 도입비용이 저렴하고, 작업자에 의한 식별이 가능한 장점이 있다. 단, 정확성이 그렇게 높은 편은 아니지만 현 산업현장에서 운용되는 데 문제는 없다. 판독을 하는 장비의 제한성이 높다는 단점이 있다.

H. 스마트카드

일반 신용카드와 재질과 사이즈가 같은 플라스틱 카드의 표면에 자체 연산 기능이 있고, IC칩이 표면에 부착된 경우가 많다. 접촉식과 비접촉식으로 구분되며 신분 식별, 인증 및 데이터 저장 등에 사용된다. 이에 따른 용도는 교통카드, RFID, SIM카드, ATM카드, 신용카드 등이 있으며, 국내의 T-Money 또한 매우 대표적인 스마트카드이다. 서유럽의 경우 스마트카드에 신분증 정보를 저장하여 교통·운임 결제 시 소유자의 정보까지 일치시키는 사업을 개발하고 있다.

I. 음성피킹(Voice Picking)

 독일의 대표적인 완구업체 HABA의 물류창고에 도입된 GODBM사의
음성피킹 솔루션

음성피킹은 산업용 모바일 분야에서 대표적인데, 효율성이 매우 높아
꾸준히 운영되고 있다. 발주에 연관된 창고에서의 피킹작업은 세계적
으로 비용소요가 높은 영역이다. 작동방식은 호스트 시스템이 기계
음성으로 작업자에게 지시사항을 전달하면, 작업자는 음성으로 받은
실시간 승인을 근거로 업무를 진행한다. 작업 이행 대상은 상품이 담
겨 있는 작은 박스부터 박스들이 응집된 팔레트까지 다양하다. 이 모
든 작업대상을 필요한 위치로 이동시켜 재고상태에서 배송으로 프로
세스를 진행한다.

음성피킹의 정확도는 99.9%에 달하는 수준으로 이미 개발되어 있다. 피킹에러를 최소화시키고 작업자의 두 팔이 상품에 묶여 있을 때에도 음성으로 필요한 소통을 하여 가상 관리자로부터 조치를 받을 수 있다. 소통의 개체는 창고용 산업용 모바일 기기이며, 기존 Windows CE 시절부터 이 솔루션은 개발되어 왔다. 창고형 단말기는 창고환경 특유의 인프라로 인해, 다른 산업용 모바일들과 다르게 아직은 Windows CE / Mobile 기반이 지배적이다.

음성피킹은 서면작업 방식 대비 최소 15% 이상, RF(Radio-Frequency) 방식 대비 25% 이상의 속도로 업무처리가 가능하고, 직원 교육의 필요성도 현저히 적다. 기획이 잘 되면 높은 투자비용 대비 효율성을 더욱 크게 얻을 수 있다.

표 3-4 솔루션 작업 방식에 따른 효율성 비교

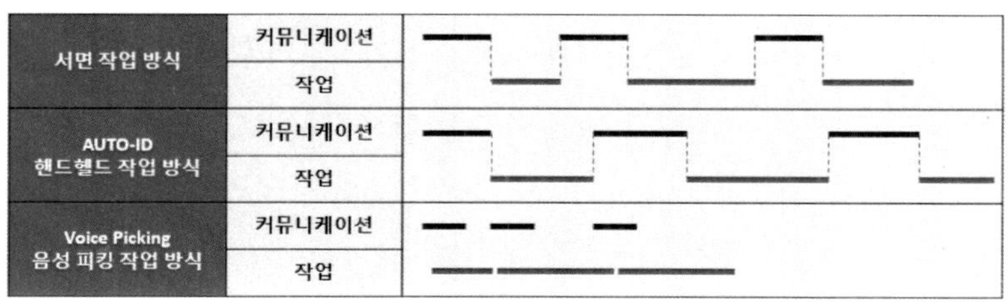

4

모바일 OS

운영체제에 대한 내용을 다루는 것은 경력이 오래된 연구원의 영역이라고 필자는 생각한다. 운영체제에 대한 세부지식은 검색으로도 더욱 많이 얻을 수 있다. 그럼에도 우리가 알고 있는 모바일 운영체제들이 산업용 모바일에서 어떻게 존재하는가에 대해 잠시 초점을 맞추고자 한다. 심비안, 블랙베리, 타이젠 등 여러 모바일 운영체제들도 존재하지만, 매우 제한적인 기기에 도입되어 있다. 이 때문에 사업성 예측이 불가능해 EMM 개발업체들은 이 운영체제를 사실상 포함하지 않고 있다. EMM 솔루션에서 다루어지는 운영체제는 다음과 같다.

- Windows CE 5.0

- Windows CE 6.0

- Windows CE 7.0(이 시점부터 CE라는 명칭 대신 Windows Embedded Compact로 변경)

- Windows Mobile 6.0

■ Windows Mobile 6.1

■ Windows Mobile 6.5(Windows Embedded Handheld 6.5로 추후 명칭 변경)

■ Windows XP

■ Windows Vista

■ Windows 7 PC

■ Windows 7 Phone

■ Windows 8 PC

■ Windows 8 Phone

■ Windows 10 PC

■ Windows 10 Phone

■ Android 2.3 이상

■ iOS 5 이상

■ Linux(2016년부터 클라이언트 기기 지원)

A. Windows CE

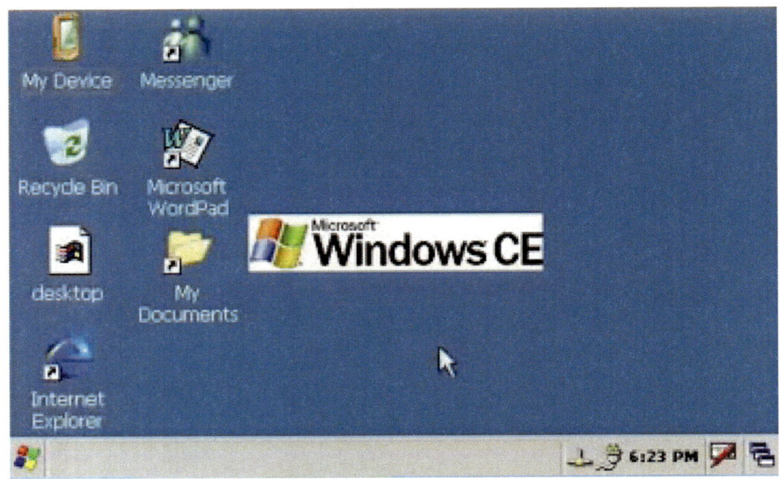

산업용 모바일에서 가장 많이 사용된 인텔 X86 CPU와 더불어, 소형 컴퓨터 혹은 PDA에 사용된 OS이다. 대체적으로 OS 자체가 무겁지 않고 낮은 메모리에서도 동작할 수 있도록 설계되어 있다. 아주 초기에는 세가 드림캐스트에 DirectX API와 더불어 개발되기도 했다. Windows CE 5.0은 DirectX 라이브러리가 추가되며 각종 엔터테인먼트가 강화되고 네트워크 기능과 원격데스크톱도 지원되었다. 당시 산업용 PDA라고 불린 기기들이 대거 출시되며, Windows CE 5.0은 오

랜 시간 전 세계의 산업시장에 공급되었다. 2014년 10월부로 마이크
로소프트사의 지원이 종결되었고, 많은 기업이 모바일 기기의 수명도
고려하여 2017년 현재 총체적인 플랫폼 변화를 기획하고 있다. 국내에
서는 Windows CE 5.0기반의 산업용 모바일을 도입한 기업들이 적지
않다.

2006년 3분기에 등장한 Windows CE 6.0은 차세대 커널, 증폭된 가
상 메모리, 강력해진 암호화 보안 등의 기능들이 발전되어 출시되었
다. 미디어와 코덱도 폭넓어져 산업용 모바일 외에도 내비게이션 등
의 텔레매틱스에서도 활용되어 오늘날까지 사용되고 있다. 앞서 소개
한 모바일 POS 등도 Windows CE 5.0, 6.0 기반으로 개발되어, CE기
반의 모바일 기기들은 우리 주변에서 생각보다 쉽게 찾아볼 수 있다.
Windows CE 6.0은 2018년 4월 10일에 지원이 공식 종료된다.
Windows CE 7.0(Windows Embedded Compact 7)은 듀얼코어 CPU를 지
원하고, RAM이 3GB까지 확장 지원되는 등의 발전이 있었지만, 산업
용 모바일 제조의 추세가 점차 안드로이드로 기울어지며 제조사들의
선택을 많이 받지는 못했다. 국내에서는 우정사업본부의 우체부용 단
말기가 Windows CE 7.0기반으로 개발되어 있는 사례가 있고, 해외
에서는 RFID 리더기를 장착한 산업용 모바일 기기 몇 모델이 또한 이
플랫폼으로 개발되어 있다. Windows CE 7.0의 공식 지원 종료일은
2021년 10월 12일이다.

B. Windows Mobile

 Windows Mobile 6.1(좌), Windows Embedded Handheld 6.5(우)

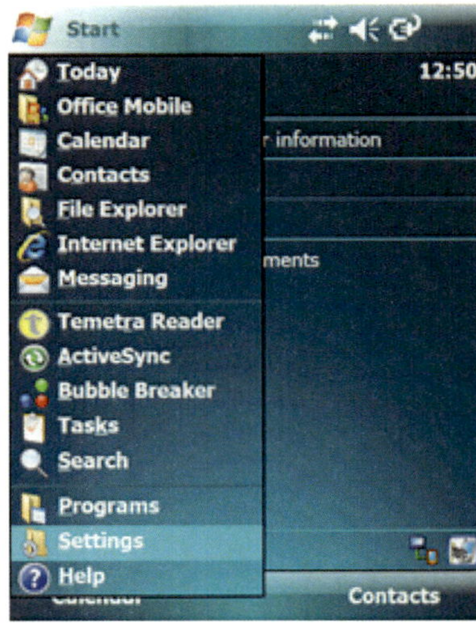
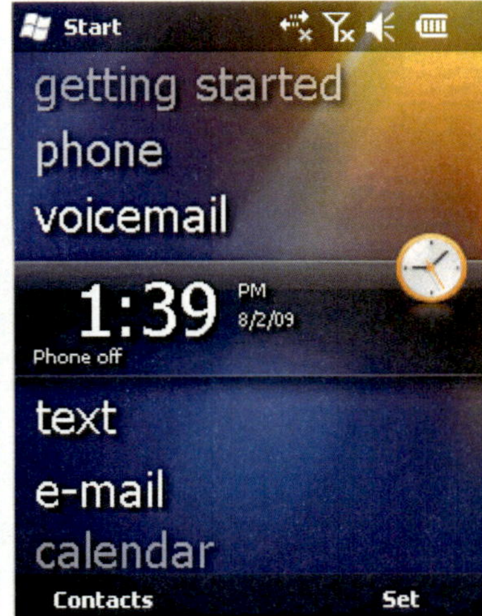

산업용 모바일 운영체제에서 한 시대의 획을 긋고 2021년까지 지원이 예정된 OS이다. 2014년도부터 Windows Mobile 6.5가 Windows Embedded Handheld 6.5로 명칭이 변경되었다. 이 OS가 탑재된 기기들은 6.0 이후 버전부터 지금도 발견될 수 있다. 글로벌 시장에서도 보급이 상당히 많이 된 운영체제이다. 2010년에 출시된 Windows

Mobile 6.5의 경우 RAM과 ROM을 모두 1GB까지 지원하고, 터치스크린에 맞게 UI도 개선되었으며, 브라우저 또한 6.1보다 상향 개선되었다.

C. Windows Embedded와 모바일 기기 관리

과거 Windows CE와 Mobile의 세대에서 산업용 모바일의 시장규모는 해마다 성장하였고, 안드로이드나 iOS가 존재하기 이전이었기 때문에 기기의 희소성으로 인해 가격이 높았다. 고가의 기기가 도입되면 기업은 자연히 관리방안을 개선하게 되고, 이로 인해 MDM의 기술들이 발전하게 되었다. 이 운영체제로 개발된 기기에서 문제가 발생하면 개발을 한 제조사의 대응이 굉장히 중요해지게 된다. 고객사 환경과 기기에 모든 응용프로그램들과 설정이 고유하게 맞춰져 있는 특성 때문이다.

한 예로, 3G 통신기능이 탑재된 산업용 모바일 기기 수천 대가 고객사에 납품되었다. 어느날 업데이트를 적용한 후, 모든 기기가 GPS로깅이 마비되어 위치정보를 작업에 저장할 수 없게 되었다. 통신으로 데이터를 전송하는 각 사용자는 업무를 하달 받는 대로 이동을 끊임없이 하며, 사무실에 방문하는 빈도가 다르고, 결국 기기들을 한곳에 모으는 것 자체가 불가능한 상황이다. 원격접속으로 수행할 수 있으나, IT 관리자가 수천 대의 기기에 개별 접속과 소통을 해야 하고, 이로 인해 업무비용에 큰 손실이 발생한다. 이러한 사례들은 흔하였으며, MDM은 해당 문제를 하결하는 파일을 일괄 전송하고 원격 재부팅을 걸어 바로 해결하는 방식으로 기업들의 니즈를 충족하였다. MDM이 성장한 배경 중 하나이다.

이 때 당시, 그리고 더 이전부터 SOTI와 같은 전통적인 MDM 개발업체들은 급부상하는 다양한 Windows Embedded OS 기반으로 개발된 산업용 모바일들에 개발협력을 통해 GPS 연계, 인증, 암호화, 기능 제어, 애플리케이션 관리, 네트워크 최적화 및 파일 배포 등의 다양한 모바일 기기 관리 기능들을 제공하였다.

D. Windows Phone

 Windows Phone 로고

마이크로소프트의 스마트폰을 위한 임베디드 모바일 운영체제이고, Windows 7, 8 및 10은 Phone기반 운영체제를 보유하고 있다. 단, 차이점은 Windows 7, 8 Phone 운영체제는 과거의 모바일 OS와는 응용프로그램이 전혀 호환되지 않도록 설계되었다. 기존 Windows CE, Mobile기반으로 이루어진 백엔드 시스템에서 Windows Phone(7-8)로 업그레이드를 하려면 시스템 전체를 이 운영체제에 맞춰야 하는 난제가 발생 했고, Windows 10이 등장할 때까지 산업용 모바일 시장에서 움직임이 지지부진하였다. 일부 거대 규모의 기업들만이 Windows Phone기반의 시스템으로 이동할 수 있었다.

Window Phone의 최초 버전인 Windows 7 Phone은 노키아 스마트폰 등 소수의 기기에 적용이 되었으며, Windows 8 Phone 역시 같은 경로를 밟았으나, 커널이 Windows CE기반에서 NT로 변경되어 Windows 8 PC와 응용프로그램 이식성이 개선되었고, 산업용 모바일 기기까지 개발된 점에서 차이가 있다. 소스가 공개되지 않았으므로 제조사들은 마이크로소프트사와 계약을 맺고 개발이 가능하였다. 산업용에서는 매우 제한적인 글로벌 제조사만이 Window 8 Phone기반의 산업용 모바일 기기를 개발하였다. 이 때 적용된 운영체제 명칭은 Windows Embedded 8 Handheld을 사용하였다.

이후에 Windows 10의 등장이 특별해진 이유는 Windows PC와 Windows Phone이 동일한 Core를 적용했다는 점이다. Windows 10 PC와 완벽한 호환성을 갖추게 되었다. Window의 통합을 우선시하여 개발한 점은 윈도 기반에서 머무르고자 하는 기업들에게 큰 도움이 되었다. EMM 구동을 위한 API는 글로벌 개발 업체와 계약을 맺고 전달하였으며, API의 구조는 PC와 Phone 각기 방향성이 있어 구현되는 기능들의 형태가 다르다.

E. PC 윈도 운영체제: Windows XP, Vista, 7 그리고 8

이 책을 읽는 독자들 중에서도 파워유저들이 넘쳐날 것이므로 Windows PC에 대한 설명은 생략하고, EMM과 연결된 부분만 소개하고자 한다. 글로벌 EMM 개발업체 중 아주 일부가 Windows PC에 대한 기능지원을 하고, Laptop Management로 불리기도 한다. 또한

DID(Digital Information Display) 등 디스플레이 혹은 전광판 솔루션에 PC가 도입되는 경우를 위해 기능구현도 되어 있다. 현재 존재하는 기능들을 요약하면 다음과 같다.

- TPM(Trusted Module Platform: 신뢰할 수 있는 플랫폼 모듈)
- WiFi 설정 관리
- VPN 설정
- 프로필 및 인증 관리
- 데스크톱 바로가기 설정
- Exchange 웹 서비스
- 암호화
- Windows Update 관리
- 방화벽
- 스크립트 푸시
- 락다운

물론 개발업체마다 지원하는 영역과 방식이 다르므로, 기능의 가용성은 사전 검토가 필수다.

F. Windows 10: PC와 Phone

Windows 10 PC만 해도 대다수의 태블릿과 PC가 Windows 10 Home으로 좋은 가격에 출시되고 있다. 일반 사용자들은 느낄 수 없는 부분이지만, Window 10 Home과 Pro는 차이가 상당히 있고 운영체제의 무게도 다르다. 또한 마이크로소프트사도 Home 에디션에서는 EMM관련 지원이 거의 없다. 모두 Pro 에디션에 집중되어 있다. 일단 기본적으로 두 에디션은 다음과 같은 차이를 가지고 있다.

표 4-1 Windows 10 Home과 Pro 에디션의 지원 기능 비교

구분	Windows 10 Home	Windows 10 Pro
Cortana	지원	지원
배터리 세이버	지원	지원
Windows Hello	지원	지원
가상 데스크톱	지원	지원
스냅 어시스트	지원	지원
컨티넘	지원	지원
MS 엣지	지원	지원
기기 암호화	지원	지원
기업 네트워크 도메인 관리	미지원	지원
BitLocker	미지원	지원
그룹정책관리	미지원	지원
원격 데스크톱	미지원	지원
Hyper-V (가상화)	미지원	지원
Assigned Access (계정별 앱 권한)	미지원	지원
IE 기업 모드	미지원	지원
Windows Store for Business	미지원	지원
Trusted Boot (신뢰 부트)	미지원	지원
Windows Update for Business	미지원	지원
RAM 최대 지원 용량	128GB	2TB

Windows 10은 EMM을 구현할 때 안드로이드 혹은 다른 모바일 운영체제처럼 에이전트를 설치하여 구동하는 방식이 아니다. OS가 프로필 기반이어서 LDAP(Lightweight Directory Access Protocol)를 사용하여 EMM 연동을 하고 정책 구현을 하므로, LDAP연동이 다른 운영체제 혹은 다른 Windows 버전에서 옵션이라면 Windows 10에서는 필수다. 2017년 초, 한 글로벌 EMM 개발업체가 Windows 10 Pro에서 작동하는 개별 에이전트를 배포했다는 루머가 있으나 검증된 바 없다. LDAP를 매핑하면 프로필 수에 상관없이 상당히 빠른 EMM 등록과

수정반영이 가능하여 큰 효율성을 체험할 수 있다.

해외에서는 Active Directory 등의 기반이 폭넓어 이러한 기반이 유용하지만 국내사정은 좀 다르다. 또한 국내 기업은 인사DB 연동을 요구하는 경우가 상당히 많음에도 인사DB가 상당수 오라클 기반임을 발견할 수 있다. 이러한 경우에는 추가적인 WAS 연계 등 시스템 통합으로 구현을 하거나, 연동 대상 임직원 숫자가 많지 않다면 별도의 LDAP를 구축하는 방식으로 접근한다.

Windows 10 PC와 Phone에 허용된 API를 비교해 보면, Windows 10 PC는 Defender 통제에 발달해 있고 Windows 10 Phone은 반대로 Defender의 기능은 미지원이지만 계정, 데이터보호, 하드웨어 관리에 발달해 있다. 보안 기능은 두 운영체제가 동일 지원된다.

G. 안드로이드

안드로이드는 소비자 시장과 산업용 시장을 넘나들며 오픈소스의 위력을 수년간 증명해 왔다. 전 세계에 1,200개 이상의 안드로이드 모바일 제조사들이 존재하고, 수많은 업체들이 버티다가 사라지는 등 엄청난 생태계를 형성하였다. 안드로이드의 AOSP(Android Open Souce Project)는 지원되는 개발키트와 모듈들이 방대하여 자유로운 형태의 기기들을 개발할 수 있다. 지금은 스마트폰을 비롯하여 내비게이션, POS, Robotics까지 확장하는 추세이고, 곧 자동차 시장까지 퍼지게 될 전망인 만큼 시대의 변화를 불러온 플랫폼이다.

모바일 측면에서 다양한 통계를 찾을 수 있겠지만, IDC가 집계한

2007년부터 2016년 상반기까지의 스마트폰 판매 그래프를 보면 다음과 같다. Windows Phone과 Mobile이 구분되어 있는 점으로 산업용 모바일 수요가 녹아 있음을 추정한다.

 2007년~2016년 글로벌 스마트폰 점유율

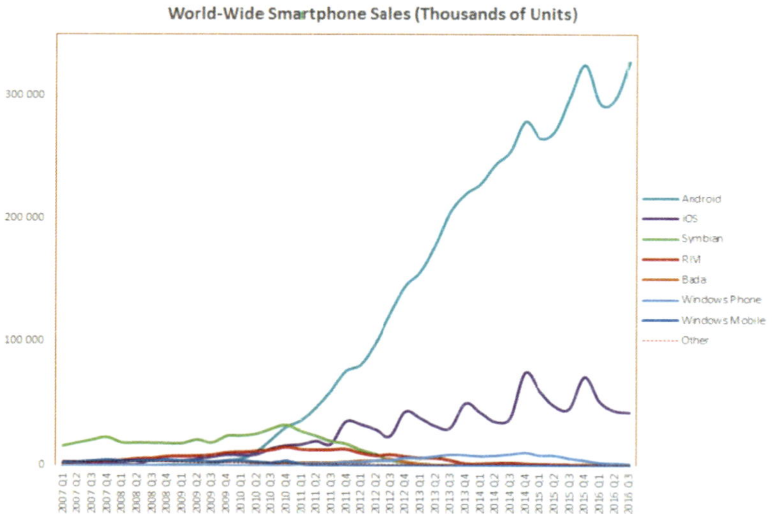

소비자 모바일 시장의 안드로이드에 대해서는 독자가 훨씬 해박할 것으로 생각된다. 필자는 산업용 안드로이드를 소개하고자 한다.

H. 산업용 안드로이드

산업용 모바일에서의 안드로이드는 가공할 만한 속도로 파생되었다. 많은 제조사는 산업용 안드로이드 개발에 앞서 시장 동향을 살피며 지켜봤고, 그러한 관찰은 2014년도까지 이어졌다. 그러나 일부 선도 기업들은 2011년부터 안드로이드의 산업용 진화를 예견하고 개발에 도전하였다. 국내 산업용 모바일 제조사도 글로벌 시장에서 두드러지게 선두를 차지한 바 있다. 산업용 모바일의 글로벌 선두기업인 허니웰도 최초의 산업용 안드로이드를 개발했다고 홍보하였고, 경쟁사들도 앞다투어 제품을 출시하며 본인들이 세계 최초임을 홍보하였었다. 이 당시만 해도 산업용 안드로이드의 화면 크기는 대부분 3.5인치였으며 기기는 묵직했다. 장갑을 착용하여야 하는 유저들을 고려해 하드웨어 키패드까지 장착되는 것이 일반적이었다.

2013년 하반기가 산업용 안드로이드가 진화하는 본격적인 시점이다. 모두 공개되지는 않았지만 업계 정보에 따르면 안드로이드를 산업용 모바일로 최초로 기획한 지역은 독일이다. 바로 이어 미국에서 대규모 프로젝트가 진행됐고, 불과 1년만에 서구 대륙 전반에서 기존의 Windows Embedded 기반을 안드로이드로 바꾸는 추세가 빠르게 확산되었다. 국내 시장에는 2014년 말경에 산업용 안드로이드가 검토되기 시작하였다.

산업용 모바일 시장에서 안드로이드가 각광받은 이유 중 하나는 기기에 구애받지 않는 확장성 때문이었다. Windows Embedded의 경우, 모든 애플리케이션과 설정이 운영체제 영역뿐 아니라 기기의 특성까지 반영된다. 기업은 시스템 도입에 앞서 수개월 간의 테스트를 제조사의 지원을 받아 준비하고, 모든 과정을 마치면 기기들이 현장에 투입된다. 그러나 때로는 사용자의 활용도를 기기가 감당하지 못하는 경우가 발생한다. 기술문제가 계속 발생하고 오작동하는 기기를 감내

하며 해결시점까지 사용하거나, 혹은 업무 마비로 비용손실이 누적되는 끔찍한 상황도 발생한다. 이 때 기업은 모바일 기기를 다른 모델로 교체하는 것이 매우 어렵다. 앞서 말한 대로 단말기의 특성까지 반영되므로 애플리케이션의 .cap, .dll 등 다수의 요소가 다시 맞춰져야 한다. 결국 새로운 모델 선정은 최초 준비단계부터 재시작하는 걸 의미한다. 프로젝트를 주도한 기업 담당자는 감당하기 어려운 난관에 직면할 수 있고, 기업 경영진 또한 끝없는 두통을 겪을 수 있다.

그러나 산업용 안드로이드는 이러한 문제가 없다. 모든 앱이 운영체제 버전과 호환된다면 모바일 기기 모델에 제한받지 않는다. Windows Embedded 시절처럼 대량의 모바일 기기를 한 제조사에만 의존하는 것이 위험하다고 판단될 때는 안드로이드는 여러 모델로 병행해 도입하여도 큰 문제가 없다. 병행 도입을 한 후 특정 모델에서 문제가 발생하면, 책임을 제조사에 전과하고 다른 모델 물량으로 교체하여 운영을 계속할 수 있다. 물론 관리측면에서 가장 바람직한 것은 신뢰성 좋은 제조사 모델 1개와 함께하는 것이지만, OEM 제조의 특성상 다양한 상황을 준비하는 것은 나쁘지 않다.

결과적으로 Windows Embedded의 애플리케이션들을 자바기반으로 교체하고 백엔드 시스템과 호환작업만 잘 마친다면, 아직 Windows Embedded 기반의 모바일 운영을 하고 있는 기업들도 안드로이드로 전환하여 향후 수년간의 운영을 기획할 수 있다. 국내도 이러한 변환기를 지금 이 순간 거치고 있다.

I. 산업용 안드로이드 운영체제 차이점

위 내용을 비추어 보면, Windows Embedded와 안드로이드의 차이점을 생각해 볼 수 있다. '소프트웨어 업데이트' 혹은 'OS 업데이트'이다. 안드로이드 운영체제는 우리가 흔히 겪고 있는 업데이트가 발생하고, 일부 모바일 기기에서 이 업데이트는 자동적으로 발생하여 막을 수 없다. 결국 기업의 안드로이드 앱이 특정 OS버전에 의존적이라면, OS업데이트가 발생한 후 수정을 해야 한다. 앱 숫자가 많아진다면 매 업데이트 시 작업이 발생하여 또 다시 머리가 아파질 것이고, 일반적으로 산업용 안드로이드에도 이러한 점을 지적하는 목소리가 나올 수 있다. '안드로이드는 운영체제의 진화가 빠르다'는 점, 그러나 산업용 안드로이드는 다른 특성이 있다.

산업용 안드로이드는 제조사가 AOSP를 통해 개발을 한다. 다양한 평가보드(Development Kit)들도 좋은 시작점을 지원하고, 제조사는 바코드 엔진, MSR 등의 모듈들을 탑재하는 등의 커스터미제이션을 반영할 수 있다. 금형 설계를 통해 낙하, 방수, 방진을 구현하고 완성된 플랫폼과 함께 하나의 완제품으로 탄생한다. 그럼 이러한 산업용 기기들의 운영체제의 업데이트는 누구에게 국한되겠는가? 'B2B 기업고객사'에 납품을 하는 제조사이다. 소비자 모바일 기기는 무작위 다수에게 '소품종 대량생산' 방식으로 제조-유통-판매가 이루어지므로 OS 업데이트를 개별화하는 것이 매우 어렵다. 하지만 산업용 안드로이드는 기업 고객사에 소비자 시장보다는 적은 물량을, 그러나 고부가가치의 모바일 기기를 '다품종 소량생산' 혹은 '소량생산' 방식으로 판매하고 관리한다. 이 때문에 사유와 근거가 충분한 기업고객을 위해 연구소에서 특정 기업향의 OS버전을 관리해 줄 수 있다. 그러면 고객사는 별도의 요구사항이 발생하지 않는 한 앱과 운영체제를 업데이트하지 않고 오랫동안 사용할 수 있으므로 Windows Embedded 방식과 큰 차이를 느끼지 않고 운영이 가능하다.

이러한 시장에서 EMM 개발업체는 더불어 일이 많아지고, EMM 에이전트를 항상 산업용 모바일 제조사의 OS와 유지보수를 해야 하므로 관리 인력 또한 기하급수적으로 증가한다. 이러한 사유로 대다수의 EMM 개발업체는 삼성, LG 등 메이저 스마트폰 위주로 운영을 하고, 산업용 모바일에 뿌리가 아주 깊은 SOTI의 경우 전세계 산업용 모바일 제조사들의 모델 대부분을 운영한다. 일부 최상위 EMM 개발업체들도 규모 기반으로 산업용 모바일의 영역을 점차 넓히고 있는 추세이다.

J. iOS

EMM 관점에서 제한이 많은 운영체제이기도 하지만, BYOD의 핵심요소가 되는 운영체제이다. EMM 개발업체에 열려 있는 기능들은 타 운영체제 대비 진화 속도가 늦은 편이고 애플 고유의 MDM 방향도 존재하여 사전 검토에 신중해야 한다. 최초의 iOS용 EMM은 2009년에 아이폰 3G와 3GS부터 AirWatch사에 의해 시작되고, SOTI사가 뒤이은 2010년도에 도입하였다.

iOS의 EMM

애플사에서 허용한 API 수준만큼 EMM 구현이 가능하며, 개발 업체마다 구현의 형태가 다를 뿐 구현할 수 있는 한계는 동일하다. iOS의 EMM 구현에 있어서는 최선두 업체 소수와 뒤처져 있는 다수, 그리고 최신 iOS 버전의 출시일조차 맞출 수 없는 개발 업체 등 세 분류로 나뉜다. 대분류로 iOS를 살펴보면 다음과 같다.

■ iOS 도입 및 배포

- ■ 기업들의 고유한 규정에 맞춘 모바일 기기 배포 구성
- ■ 유저의 조작을 거치지 않는 핵심 기업 앱 및 iOS 세팅
- ■ 불필요한 기기 셋업 화면 제거를 통한 프로세스 간소화

■ 보안 개런티

- ■ 키오스크 모드를 통한 앱 자동 런치
  - 앱과 기기 세팅의 상호 작용 차단

■ 화면 녹화/캡처, iCloud Sync, iMessage, AirDrop 및 Game Center 차단

■ 탈옥 감지 및 관리자에 경고 메시지 전달

■ **앱 및 콘텐츠**

■ 웹 콘텐츠 필터

■ 앱 스토어 차단

■ 기업전용 앱 배포 및 개인 엽 차단

■ 앱의 네트워크 연결 관리

■ VPP(Volume Purchase Program)를 통한 대량 앱 설치 및 배포

- Apple ID를 사용하지 않음

■ **고급 기능**

■ 원격 보기/파일탐색기/양방향 채팅 및 메시징을 통한 헬프데스크 기능

■ 실시간 위치 추적

■ 원격 잠금 및 초기화를 통한 분실 관리

■ 각각의 앱에 적용하는 VPN

■ 소프트웨어 업데이트 관리

기업 사용에 관련한 iOS 앱스토어, 그리고 제한사항(2017년도 기준) 기업, 교육 기관 등 단체에서 앱을 배포하고 모바일 기기들을 관리하기 위한 서비스가 개시되었다. 기기 1개당 연간 379,000원의 비용으로 개발자 계정을 등록해야 하고, 인증서 발급 과정도 거쳐야 한다. 이러한 B2B용 서비스에도 최근 업데이트가 발생하였으므로, 다음을 참고하기 바란다.

- 기업용 계정으로 배포하면 앱스토어 필요없이 배포 가능
- 특정 HTTPS(SSL) 서버에 올리면 다운 받아 사용 가능
- 이런 형태의 앱들이 iOS의 개발자 계정을 1년에 한 번 갱신해야 하며, 갱신을 안 하면 이미 설치된 사용자들도 사용을 못하도록 변경된 상태임
- iOS 프로파일이 적용되며 반영된 정책임

관련 현상

- 앱 실행이 안 된다는 사례가 접수되기 시작: 기업용 계정 갱신 날짜가 지난 것이 사유
- 기업용 계정은 앱 다운로드 주소가 애플 계정에 등록되어 있는 것으로 가야 함
- 만료되면 이 주소를 찾을 수 없는 것으로 나옴
- 이러한 상황에서 앱을 실행하면 바로 닫힘

애플이 기업용 계정을 구분하는 기준

- '신규회원가입'이 존재하는가
  - 신규회원가입이 존재하면 일반계정에 배포 가능
  - 기업용 계정은 앱스토어에 배포 불가
- 앱스토어와 기업용 계정 둘 모두를 원하면 두 계정을 모두 보유해야 함

만약 기업이 앱을 카탈로그 형식으로 지원 받기를 요구한다면, EMM 솔루션이 'Private Appstore'를 통해 구현할 수 있다. 필수 앱들을 패키지로 묶어서 자동 배포하는 방식도 가능하다.

K. 각 운영체제와 기능들

지금까지 나열한 모바일 운영체제들의 가장 일반적 기능을 비교하면 다음과 같다. 각각 더 많은 고급 기능들을 보유하고 있으나 직접 비교가 불가하여 제외한다. 참고로 Windows PC에서 '에이전트 모드'는 말 그대로 에이전트로 제어하는 기반을 의미하며, Windows 7부터 10 Home까지의 운영체제를 지원한다. Windows 10 Professional 및 Phone 운영체제는 '프로필'을 연동하는 방식으로만 가능하여, 액티브 디렉토리를 필수로 하고, 구현되는 기능이 달라진다.

표 4-2 모바일 운영체제 간 EMM 기능 지원 비교

기능 구분	WindowsCE 및 Windows Mobile	Windows PC (에이전트 모드)	iOS	Android
단말 정보 표시 (Information)				
디바이스 기본 상태정보 표시	지원	지원	지원	지원
기본 Networking / WiFi 상태정보	지원	지원	지원	지원
배터리 상태	지원	지원	지원	지원
설치된 애플리케이션	지원	지원	지원	지원
디바이스의 모든 하드웨어 정보 표시	지원	지원	지원	지원

기능 구분	WindowsCE 및 Windows Mobile	Windows PC (에이전트 모드)	iOS	Android
관리자가 수집가능한 DATA				
가용 메모리	지원	지원	지원	지원
위치 정보 및 데이터	지원	지원	지원	지원
IP 주소	지원	지원	지원	지원
통화 로그	지원	지원불가	해당사항 없음	지원
이동통신사 정보	지원	지원불가	지원	지원
이동통신 신호 강도	지원	지원불가	지원	지원
관리자가 정의한 커스텀 데이터	지원	지원	지원	지원
SSID (WiFi)	지원	지원	지원	지원
가용 저장공간 정보	지원	지원	지원	지원
무선랜 Access Point	지원	지원	지원	지원
무선랜 신호세기	지원	지원	지원	지원

기능 구분	WindowsCE 및 Windows Mobile	Windows PC (에이전트 모드)	iOS	Android
일반 기능				
경보 알림	지원	지원	지원	지원
자체 앱스토어 배포기능	해당사항 없음	지원불가	지원	지원
이메일 구성	지원	지원불가	지원	지원
파일 동기화	지원	지원	지원	지원
모바일 스캐너	지원	지원불가	지원불가	지원불가
소프트웨어 설치	지원	지원	지원	지원
시간동기화	지원	지원	지원불가	지원불가

기능 구분	WindowsCE 및 Windows Mobile	Windows PC (에이전트 모드)	iOS	Android
네트워크 기능				
애플 Push 설정	지원불가	지원불가	지원	해당사항 없음
VPN 설정	해당사항 없음	지원불가	지원	지원
앱마다 다른 VPN 설정	해당사항 없음	지원불가	지원	서드파티 연동
에어플레이	해당사항 없음	해당사항 없음	지원	해당사항 없음
인터넷 프록시 서버 설정	지원불가	지원불가	지원	해당사항 없음
무선랜 설정	지원	지원불가	지원	지원
무선 핫스팟	해당사항 없음	지원불가	해당사항 없음	지원
SSL통신	지원	지원	지원	지원

기능 구분	WindowsCE 및 Windows Mobile	Windows PC (에이전트 모드)	iOS	Android
제어/조치 기능				
초기화	지원불가	해당사항 없음	지원	지원
원격잠금	지원	지원불가	지원	지원
원격잠금해제	지원	지원불가	지원	지원
메시지전송	지원	해당사항 없음	지원	지원
오프라인 단말에 메시지전송	지원	지원불가	지원	지원
스크립트 전송	지원	지원	지원	지원
오프라인 단말에 스크립트 전송	지원	지원불가	지원	지원
연결끊어진 단말을 깨우기	지원	지원불가	지원	지원
암호 변경	지원	해당사항 없음	지원	지원
잘못된 암호로 인한 기기 잠금	해당사항 없음	지원불가	지원	지원
기기 재시작	지원	지원불가	해당사항 없음	지원
기기 끄기	지원	지원불가	해당사항 없음	지원
메일서버 접근 금지	지원	지원불가	지원	지원
바이러스 스캔	해당사항 없음	해당사항 없음	해당사항 없음	지원
바이러스 정책 업데이트	해당사항 없음	해당사항 없음	해당사항 없음	지원

기능 구분	WindowsCE 및 Windows Mobile	Windows PC (에이전트 모드)	iOS	Android
위치 기반 서비스 기능				
단말위치의 주소 보기	지원	지원	지원	지원
지리적 펜스 설정	지원	지원	지원	지원
기기 위치파악	지원	지원	지원	지원
다수 기기 위치파악	지원	지원불가	지원	지원
운전방향 전송	지원	지원불가	지원불가	지원
기기 추적	지원	지원	지원	지원
다수 기기 추적	지원	지원불가	지원불가	지원불가

기능 구분	WindowsCE 및 Windows Mobile	Windows PC (에이전트 모드)	iOS	Android
보안				
애플리케이션 통제	지원	지원불가	지원	지원
단말 기능 통제	지원	지원불가	지원	지원
하드웨어 버튼 차단	지원	해당사항 없음	지원불가	지원
SD카드 차단	지원	해당사항 없음	해당사항 없음	지원
USB동기화 차단	지원	해당사항 없음	지원불가	지원
무선통신 차단	지원	지원불가	지원불가	지원
내장 스토리지 파일 암호화	지원	지원	지원	지원
MicroSD카드 암호화	지원	지원	해당사항 없음	지원
단말 잠금	지원	지원	지원	지원
비밀번호 복잡성 요구	지원	지원불가	지원	지원
전화통화 차단	지원	지원불가	지원불가	지원
사용자 인증	지원	지원불가	지원	지원

기능 구분	WindowsCE 및 Windows Mobile	Windows PC (에이전트 모드)	IOS	Android
원격제어				
파일 보기	지원	지원	지원	지원
원격제어	지원	지원	지원불가	지원
실시간 양방향 채팅	지원	지원	지원	지원불가
Macros	지원	지원	지원	지원
원격 보기	지원	지원	지원	지원
화면/동영상 캡쳐 제어	지원	지원	지원	지원
셸명령	지원	지원	지원	지원
단말별 스킨 적용	지원	지원	지원	지원
작업관리자	지원	지원	지원불가	지원

기능 구분	WindowsCE 및 Windows Mobile	Windows PC (에이전트 모드)	IOS	Android
보고서				
보고서 기능	지원	지원	지원	지원
SAP 리포트 서식	지원	지원	지원	지원
SQL 데이타베이스 서식	지원	지원	지원	지원

지금까지 소개한 바와 같이, EMM을 도입하는 기업은 모바일 기기의 유형, 해당 운영체제 및 관련 속성들을 모두 파악하여 기획을 해야 프로젝트 도입에서 지연 혹은 각종 문제를 극복하여 성사시킬 수 있다. 이 장이 각 운영체제의 특성과 차이를 이해하는 데 도움이 되었기를 희망한다.

5

모바일 관리 유형

그렇다면 어떻게 관리하는가? 이 장에서는 운영체제를 최대한 구분도 하고, 또한 공통된 부분을 조심스럽게 정리를 하고자 한다. 1장에서 소개한 MDM, MAM 그리고 MCM의 영역에서 각각 응용되는 방식들이다.

A. 하드웨어 관리

모바일 관리의 기본이자 중점은 해당 하드웨어 관련 기능들의 활성화/비활성화이다. 비활성화를 생각하면 '보안'이 가장 먼저 떠오르겠지만, 그 외에도 또 한가지 이유가 있다. 단말기의 배터리 수명이다. MDM은 소비자 개개인으로 시작하지 않았다. '기업용'이었고 B2B의 산물이었다. 산업용 모바일 단말기는 과거 일반 PDA보다 늦게 개발되었으나, 스마트폰보다 훨씬 전부터 기업 시장에 포진되어 있었다. 그렇다면 배터리가 왜 문제였을까?

전체적인 이해를 위해 간단한 예를 들고자 한다.

다음 표는 3.7볼트 기준에서 5.5인치 화면을 탑재한 기기의 시간당 배터리 소모 시나리오다.

표 5-1 모바일 기기의 시간당 배터리 소모 시나리오

항목	조건 상태	평균	단위
전원	일반모드 (전화기능)	270	mA
	일반모드 (전화불가)	215	mA
	터보 모드 (전화불가)	5	mA
	슬립 모드 (전화기능)	21	mA
백라이트	백라이트 꺼짐 (0%)	0	mA
	백라이트 켜짐 (50%)	+193	mA
	백라이트 켜짐 (100%)	+351	mA
부가 기능	아무활동 없음	0	mA
	WLAN (파일 다운로드 시)	+093	mA
	동영상 재생	+210	mA
	카메라 (프리뷰 모드)	+350	mA
	블루투스 (파일전송)	+083	mA
	블루투스 (MP3)	+015	mA
	GSM (통화) : LCD ON	+345	mA
	GSM(통화) : LCD OFF	+165	mA
	GSM : 데이터 전용	+285	mA

스마트폰은 통상적으로 3,000mAh~3,500mAh 사이의 배터리 용량을 보유하고 있다. 기능들을 많이 켜놓고 사용한다면 폰을 오래 사용

할 수 없다. 위의 테이블 수치들을 보면 백라이트가 100% 켜져 있을 때 배터리 소모가 가장 크다.

 모바일 스크린의 백라이트

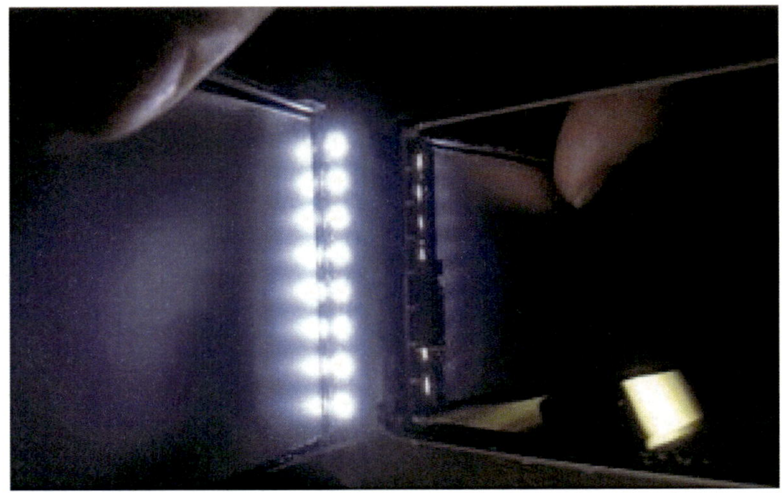

LCD의 색상 연출이 아무리 훌륭하다고 해도 백라이트가 빛을 충분히 발산해 주지 못하면 아무 소용이 없다. 위 테이블의 백라이트 100%는 5.5인치 LCD에서 발생하는 것이고, 12개의 백라이트가 장착되며, 밝기가 400Nits(칸델라) 였다. 이 정도 밝기면 비행기 활주로에서 강렬히 내리쬐는 태양빛 환경에서도 화면 판독이 가능하다. 그러나 시간당 353mAh를 소모한다. 스마트폰 배터리 용량이 3,200mAh일 경우, 다른 기본 기능들을 동시에 사용하면 불과 몇 시간밖에 사용할 수 없다. 심지어, 단말기 배터리가 0%일 때 실제적으로 배터리가 0% 수준으로 바닥난 것이 아니다. 단말기 전원이 배터리 방전으로 OFF

된다는 것은 배터리의 80% 수준을 사용했다는 것이고, 화면 표현상 0%로 뜨도록 운영체제에서 설정된 것이다. 이것은 기기 개발 간 반드시 필요한 것으로, 배터리가 80%이상 소모되도록 설정이 되면 회로에 쇼트가 발생할 수 있기 때문이다. 결국 화면 밝기를 낮춰야 하거나, 업무 보고 데이터가 필수인 작업자가 8시간 동안 업무를 할 때, 단말기의 전원은 능동적이든 강제적이든 반드시 유지되어야 한다. 단말기를 사용하는 임직원에게 이러한 관리를 맡기면 휴먼 에러가 발생할 때 전원이 다운되어 업무 진행이 불가능해지는 일이 발생한다. 이러한 경우 MDM으로 미사용 기능들을 일괄 통제하여, IT 관리자가 기획한 대로 단말기를 유저가 사용하여 업무 수행에 차질이 없도록 한다.

B. 하드웨어 상태 감지

기기의 최소 상태 조건을 설정하여 그 한계수치 혹은 설정값을 벗어날 경우, IT관리자와 사용자에게 알림 메시지를 전송하고 즉각적인 조치가 필요할 경우 기기의 사용을 제한하는 정책을 적용하여 관리하는 방식이다. 통신상태, 저장소처럼 비정상적으로 작동할 확률이 낮은 경우에도 발생빈도의 통계를 산출할 때 사용하며, 특히 눈에 보일 정도로 상태가 진행된 후에나 감지될 수 있는 배터리 문제를 사전에 감지할 수 있다. 산업용 안드로이드에서는 오픈소스의 특성을 통해 내부 모듈들에 대한 값을 데이터로 내부저장소에 출력하는 API를 구현할 수 있고, EMM에서 그 값을 계속 읽어내어 필요한 변화를 더욱 세부적으로 감지할 수 있다.

사진 5-2 SOTI MobiControl의 하드웨어 상태 감지 설정

	이벤트명	사용자 지정 알림 메시지 ▲	작업	값	형식 확인	심각도
☐	배터리 상태	배터리 상태	더 작음<	10	숫자	심각
☐	사용 가능한 메모리	사용 가능한 메모리	더 작음<	10	숫자	중대
☐	사용 가능한 시스템 저장소	사용 가능한 시스템 저장소	더 작음<	1	숫자	경미
☐	SSID	SSID	같지 않음 <>	MTC0019	문자열	경미
☐	WiFi 신호 강도(RSSI)	WiFi 신호 강도(RSSI)	더 작음<		숫자	경미
☐	IP 주소	IP 주소	같지 않음 <>		문자열	경미
☐	이동 통신사	이동 통신사	같지 않음 <>	SKT	문자열	경미
☐	이동통신 신호 강도	이동통신 신호 강도	더 작음<		숫자	경미
☐	WiFi 액세스 지점의 MAC 주...	WiFi 액세스 지점의 MAC 주...	같지 않음 <>		문자열	경미
☐	운영 체제 버전	운영 체제 버전	같지 않음 <>		문자열	경미
☐	사용 가능한 내부 저장소	사용 가능한 내부 저장소	더 작음<		숫자	경미
☐	사용 가능한 외부 저장소	사용 가능한 외부 저장소	더 작음<		숫자	경미
☐	호출 삭제됨	호출 삭제됨	더 작음<		숫자	경미
☐	호출 완료됨	호출 완료됨	더 작음<		숫자	경미
☐	호출 누락됨	호출 누락됨	더 작음<		숫자	경미
☐	전경 앱	전경 앱	같지 않음 <>		문자열	경미

C. 기기 이벤트 감지를 통한 남용 방지

법인 모바일 기기는 관제가 어려운 부분에서 손쉽게 남용이 발생할 수 있고, 이러한 영역 또한 EMM의 관리대상이 된다. 규정으로 금지된 이벤트가 기기에서 발생하거나 EMM에서 벗어나는 시도, 혹은 멀웨어가 진입할 수 없는 폐쇄망임에도 멀웨어가 진입한 경우 등 다양한 행위들을 감지하여 즉각적인 정책이 자동으로 적용된다. 한 예로, 법인 스마트폰에 업무용 SIM카드가 제공되었는데, 개인 스마트폰의 데이터 잔량이 부족할 것으로 예상한 임직원이 법인폰에서 SIM카드를 빼어 개인폰에 사용한 후 되돌려 놓는다면, IT본부에서는 이러한 내용을 바로 알아낼 수 없다. 그러나 EMM에서는 SIM카드가 제거되는 것이 감지되는 순간, 법인폰의 암호를 자동으로 바꿔버리거나 공장 초기화를 시켜 돌이킬 수 없는 상태로 변환시키고, 알림 메일을 관리자에게 전송하여 바로 조치를 취할 수 있다.

D. 지오펜싱(Geofencing)

LBS(Location Based Service)의 대표적 형태이자, 수많은 EMM 개발업체들이 필수적으로 구현하는 기능이다. 이름 그대로 지정된 영역에 진입할 경우, 반대로 벗어날 경우에 필요한 정책을 자동으로 적용한다. 신생 EMM 소프트웨어들도 이 기능은 기본으로 구현하고 있는 만큼 관리와 보안 측면에서 모두 유용하다.

 SOTI MobiControl의 도형그리기 방식을 통한 지오펜스 설정 예시

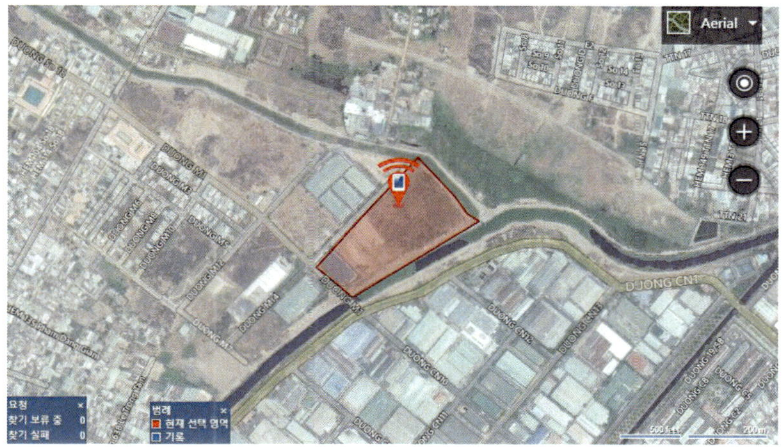

 SOTI MobiControl의 기기 이벤트 감지 설정

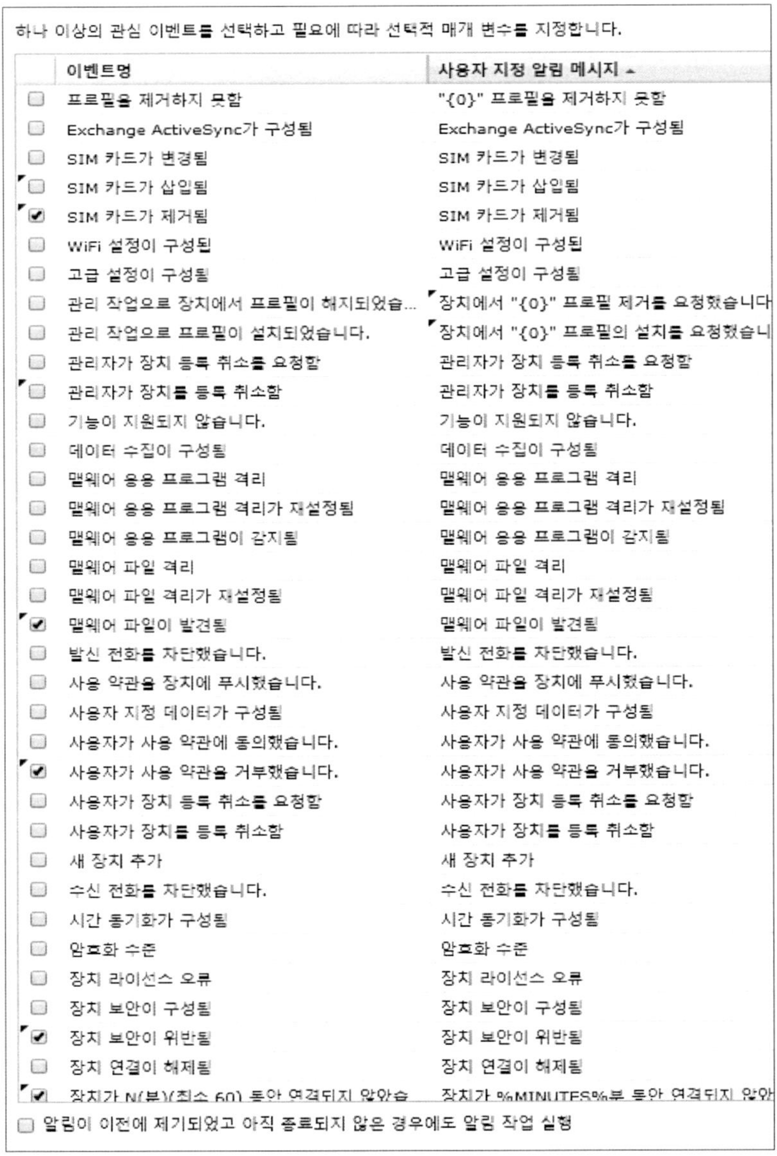

하나 이상의 관심 이벤트를 선택하고 필요에 따라 선택적 매개 변수를 지정합니다.

	이벤트명	사용자 지정 알림 메시지 ▲
☐	프로필을 제거하지 못함	"{0}" 프로필을 제거하지 못함
☐	Exchange ActiveSync가 구성됨	Exchange ActiveSync가 구성됨
☐	SIM 카드가 변경됨	SIM 카드가 변경됨
☐	SIM 카드가 삽입됨	SIM 카드가 삽입됨
☑	SIM 카드가 제거됨	SIM 카드가 제거됨
☐	WiFi 설정이 구성됨	WiFi 설정이 구성됨
☐	고급 설정이 구성됨	고급 설정이 구성됨
☐	관리 작업으로 장치에서 프로필이 해지되었습...	장치에서 "{0}" 프로필 제거를 요청했습니다
☐	관리 작업으로 프로필이 설치되었습니다.	장치에서 "{0}" 프로필의 설치를 요청했습니
☐	관리자가 장치 등록 취소를 요청함	관리자가 장치 등록 취소를 요청함
☐	관리자가 장치를 등록 취소함	관리자가 장치를 등록 취소함
☐	기능이 지원되지 않습니다.	기능이 지원되지 않습니다.
☐	데이터 수집이 구성됨	데이터 수집이 구성됨
☐	맬웨어 응용 프로그램 격리	맬웨어 응용 프로그램 격리
☐	맬웨어 응용 프로그램 격리가 재설정됨	맬웨어 응용 프로그램 격리가 재설정됨
☐	맬웨어 응용 프로그램이 감지됨	맬웨어 응용 프로그램이 감지됨
☐	맬웨어 파일 격리	맬웨어 파일 격리
☐	맬웨어 파일 격리가 재설정됨	맬웨어 파일 격리가 재설정됨
☑	맬웨어 파일이 발견됨	맬웨어 파일이 발견됨
☐	발신 전화를 차단했습니다.	발신 전화를 차단했습니다.
☐	사용 약관을 장치에 푸시했습니다.	사용 약관을 장치에 푸시했습니다.
☐	사용자 지정 데이터가 구성됨	사용자 지정 데이터가 구성됨
☐	사용자가 사용 약관에 동의했습니다.	사용자가 사용 약관에 동의했습니다.
☑	사용자가 사용 약관을 거부했습니다.	사용자가 사용 약관을 거부했습니다.
☐	사용자가 장치 등록 취소를 요청함	사용자가 장치 등록 취소를 요청함
☐	사용자가 장치를 등록 취소함	사용자가 장치를 등록 취소함
☐	새 장치 추가	새 장치 추가
☐	수신 전화를 차단했습니다.	수신 전화를 차단했습니다.
☐	시간 동기화가 구성됨	시간 동기화가 구성됨
☐	암호화 수준	암호화 수준
☐	장치 라이선스 오류	장치 라이선스 오류
☐	장치 보안이 구성됨	장치 보안이 구성됨
☑	장치 보안이 위반됨	장치 보안이 위반됨
☐	장치 연결이 해제됨	장치 연결이 해제됨
☑	장치가 N(분)(최소 60) 동안 연결되지 않았습	장치가 %MINUTES%분 동안 연결되지 않았

☐ 알림이 이전에 제기되었고 아직 종료되지 않은 경우에도 알림 작업 실행

단, GPS는 태생 자체가 평면으로 나타나는 정보이다. 보안 구역이 빌딩의 특정 영역에서만 설정된 경우, 수직으로 영역을 추가로 구분해야 한다. 이를 위해 블루투스 기반의 IoT 장비를 모바일 기기가 인식하거나 혹은 해당층의 입구에서 출입인증 신호를 보내어 정책을 가하는 방법도 가능하다.

E. 데이터 변화 감지에 따른 자동화

10,000대의 기기가 전국 도처에 투입되어 있다고 가정해 보자. 이 기업은 법인용 모바일 기기를 임직원에게 할당했고, 직원들은 자유롭게 이동하는 업무를 통해 매출에 기여하고, 이동 범위에 제한이 없어 먼

거리도 업무가 있으면 가야만 한다. 임원진은 이러한 직원들의 이동 경로, 밀집도가 높은 지역을 일/월 별로 분석하고 싶어하고, 10,000명을 일일이 검색하는 것은 불가한 프로세스이므로, 전국을 도/시 단위로 구분하고 20개 그룹을 생성하여 지역별로 기기들을 분류하였다. 이러한 상태에서 직원들이 경상도 지역에서 서울로 이동했다고 하면, 해당 지역의 그룹으로 기기정보가 재배치되어야 하는 상황이다. 이것을 IT관리자가 매번 수동으로 변경하겠는가? 물론 그렇지 않다. 위치정보, WiFi정보 등을 인식하는 순간 해당지역의 그룹으로 이동하면 실시간 업데이트의 난제가 해결된다.

F. 네트워크 모니터링

모바일에서 겪을 수 있는 네트워크 문제는 훨씬 더 종류가 다양하여 필수 관리 대상이다. 기기를 사용중인 유저가 세팅에 접근할 수 없는 정책 구조가 있는 경우, 기기가 무인 기반으로 운영되는 경우, 기기 유저가 꾸준히 이동해야 하는 직군인 경우들을 포함하여, 네트워크 상태를 실제로 겪어보기 전까지 알 수 없는 경우가 너무도 많다. 라우터의 위치, 건물 상태, 서비스 에러 등 셀 수 없을 만큼 경우의 수를 보유한 기술이슈 중 네트워크 문제가 대표적이다. IT관리자는 다음의 데이터들을 상시 띄우거나 보고서로 출력하여 모니터링을 할 필요가 있다.

- 연결 유형
- WWAN 감도
- WLAN 감도
- 비인가 SSID

- Ping은 전달이 되지만 기기가 네트워크 접속이 안 된 경우

- 네트워크 연결 해제 내역

- 네트워크 재접속 내역

사진 5-6 SOTI MobiControl의 네트워크 실시간 내역 조회

연결 유형	이동통신 신호 강도	WiFi 신호 ▲	WiFi 네트워크(SSID)	IP 주소	마지막 연결	마지막 연결 해제	마지막 체크인
WiFi	연결 되지 않음	-127dB (0%)	SE_WiFi1B8E	192.168.35.6	2017-05-04 9…	2017-05-04 9:48:58 오후	2017-05-04 9:39:15 오후
4G 셀룰러	100%	-127dB (0%)		185.225.147.213	2017-04-19 12…	2017-04-19 12:59:06 오후	2017-04-19 12:58:55 오후
WiFi	연결 되지 않음	-17dB (100%	JV	172.20.10.9	2017-09-05 2…	2017-09-05 2:47:46 오후	2017-09-05 2:33:14 오후
WiFi	연결 되지 않음	-35dB (100%	BELL895	192.168.2.250	2017-09-16 10…	2017-09-16 10:37:04 오후	2017-09-16 10:54:45 오후
WiFi	연결 되지 않음	-36dB (100%	HQ230176645	192.168.0.50	2017-08-14 9…	2017-08-14 9:51:26 오전	2017-08-14 9:47:01 오전
WiFi	연결 되지 않음	-37dB (100%	HQ230172555	192.168.0.8	2017-04-20 1…	2017-04-20 1:51:45 오후	2017-04-20 1:49:35 오후
WiFi	100%	-39dB (100%	"SOTI-WIFI"	192.168.4.105	2014-01-11 9…	2014-01-11 9:38:15 오전	2014-01-11 9:37:57 오전
WiFi	연결 되지 않음	-41dB (100%	SE_WiFiB5E8	192.168.25.9	2017-09-13 2…	2017-09-13 3:48:25 오후	2017-09-13 2:42:51 오후
WiFi	연결 되지 않음	-41dB (100%	bobbyhome	192.168.0.15	2017-06-23 11…	2017-06-23 11:49:07 오후	2017-06-23 11:49:06 오후
WiFi	연결 되지 않음	-42dB (100%	LG-CNS-FMC	10.77.220.72	2017-06-05 8…	2017-06-05 9:28:03 오후	2017-06-05 8:58:38 오후
WiFi	연결 되지 않음	-44dB (100%	Jeffreykim	172.20.10.6	2017-06-01 3…	2017-06-01 3:38:36 오후	2017-06-01 3:12:09 오후
WiFi	연결 되지 않음	-45dB (100%	uFi_217F0B	192.168.0.108	2016-05-26 9…	2016-05-26 3:56:27 오후	2016-05-26 3:07:24 오후
WiFi	100%	-45dB (100%	AndroidHotspot3338	192.168.43.55	2017-04-19 12…	2017-04-19 12:57:22 오후	2017-04-19 12:56:46 오후
WiFi	100%	-46dB (100%	D-CI-STAFF	192.168.10.188	2017-09-15 7…	2017-09-15 8:52:01 오후	2017-09-15 8:24:46 오후
WiFi	100%	-46dB (100%	AndroidHotspot8888	192.168.43.104	2017-04-19 11…	2017-04-19 12:56:57 오후	2017-04-19 12:56:39 오후
WiFi	연결 되지 않음	-49dB (100%	ABALELAST@HK	192.168.1.48	2017-02-15 3…	2017-02-15 3:32:13 오후	2017-02-15 3:31:10 오후
WiFi	100%	-50dB (100%	ChairmansSuite	192.168.209.118	2017-09-13 6…	2017-09-13 6:44:06 오전	2017-09-13 6:42:15 오전
WiFi	연결 되지 않음	-52dB (95%)	AdRIANty	192.168.0.15	2017-09-16 11…	2017-09-18 10:10:48 오후	2017-09-18 11:47:41 오후
WiFi	연결 되지 않음	-53dB (92.5%	GE_HQ_TEST	10.206.218.70	2016-07-19 5…	2016-07-19 5:58:54 오후	2016-07-19 5:58:16 오후
WiFi	100%	-53dB (92.5%	KHN	192.168.1.55	2017-02-14 7…	2017-02-14 7:14:34 오후	2017-02-14 7:14:27 오후
WiFi	연결 되지 않음	-54dB (90%)	D-N_Employee	172.16.25.192	2017-09-16 8…	2017-09-16 10:48:49 오후	2017-09-16 10:29:10 오후
WiFi	연결 되지 않음	-56dB (85%)	"SOTI"	192.168.7.231	2014-02-26 10…	2014-02-26 12:08:42 오후	2014-02-26 11:27:10 오전
WiFi	연결 되지 않음	-56dB (85%)	HQ230176645	192.168.0.38	2017-06-16 1…	2017-06-16 4:17:07 오후	2017-06-16 4:09:17 오후
WiFi	연결 되지 않음	-67dB (57.5%	"SOTI"	192.168.7.132	2014-07-15 9…	2014-07-15 11:46:23 오전	2014-07-15 11:18:01 오전
WiFi	0%	-68dB (55%)	WatchDogs	192.168.0.108	2017-05-25 2…	2017-05-25 2:21:53 오전	2017-05-25 2:19:03 오전
WiFi	연결 되지 않음	-78dB (30%)	wwww	192.168.0.8	2017-07-28 11…	2017-07-28 11:51:07 오전	2017-07-28 11:42:44 오전

G. 인증 보안

글로벌 시장에서는 인증이 아주 민감한 영역이다. 특히 네트워크의 경우, VPN으로 업무망을 따로 관리하는 경우가 아니라면 전 지역에 확산되어 있는 각 지사, 매장 등 다양한 곳의 망 접속이 쉽지 않은 과제가 된다. 그 외에도 IT본부의 기획에 따라 다양하게 적용이 될 수 있고, 결국은 '유저'와 '기기'가 다음의 항목들에 연관되어 인증의 중점이 된다.

- 유저 등록

- 유저 이메일 주소

- 기기명

- 기기 MAC 주소

- 기기 일련번호

- 기기 플랫폼

기업 환경의 공통적 요소들이 반영되어 모바일 업계에서는 다음의 인증 표준이 많이 사용된다. 각 표준별로 세부 항목이 적지 않고, 모바일에 인증서가 연관되는 개념만 소개하고자 하므로, 대분류에서만 작성하겠다.

■ 글로벌 메이저 기업 중 하나인 엔트러스트(Entrust)

- Entrust의 경우 서명, 암호화를 중점으로 유저와 기기를 선별하여 대상으로 지정하는 방식이며, 키 보호와 사이즈 조절이 가능하다. Entrust는 강력한 인증, 도용 탐지, 디지털 인증, SSL, PKI 등 ID기반의 보안 솔루션을 65개국 6,000개 이상의 고객사에 제공하고 있다.

■ 마이크로소프트 기반의 액티브 디렉토리 인증 서비스(ADCS)

- ADCS는 사전에 공유된 비밀 정보가 없어도 인증서에 기반해 상대방을 인증할 수 있는 PKI와, 마이크로소프트 방식의 SCEP 유형의 구성이 가능하다. 프로토콜은 HTTPS와 DCOM을 지원한다.

■ 일반 SCEP(Simple Certificate Enrollment Protocol)

　　■ 시스코(Cisco Systems)사와 베리사인(VeriSign)사가 공동으로 개발한 CEP에서 더 개선된 인증 관리 프로토콜. 기기 등록과 PKI 작업에 사용된다.

인증서는 각 기업의 보안 규정에 맞추어 복합적으로도 사용 가능하다. 단, 그만큼 프로세스 측면에 업무적 부하가 따라오기 때문에 충분한 검토와 테스트가 사전에 이루어지지 않으면 혼선을 직면할 수 있다.

H. 앱 관리

앱 제어와 관리는 가장 전통적인 EMM 요소이다. 모든 분야 전역에 걸쳐 기본적으로 요구되며, 그 운용형태는 단순하면서도 결과물은 굉장히 영향력이 크다. 컨테이너와 앱 관리 유형은 1장의 MAM 섹션에서 소개한 바 있다. 기업 현장에서 가장 도입이 많은 관리는 불필요 앱 블랙리스팅 혹은 인가앱 화이트리스팅과 더불어 '앱 강제설치' 및 '앱 카탈로그 배포' 두 가지의 앱 배포 등이다. 블랙/화이트리스팅과 강제설치는 동영상으로만 표현이 가능한 부분이므로, 앱 카탈로그 배포의 모습을 살펴보자.

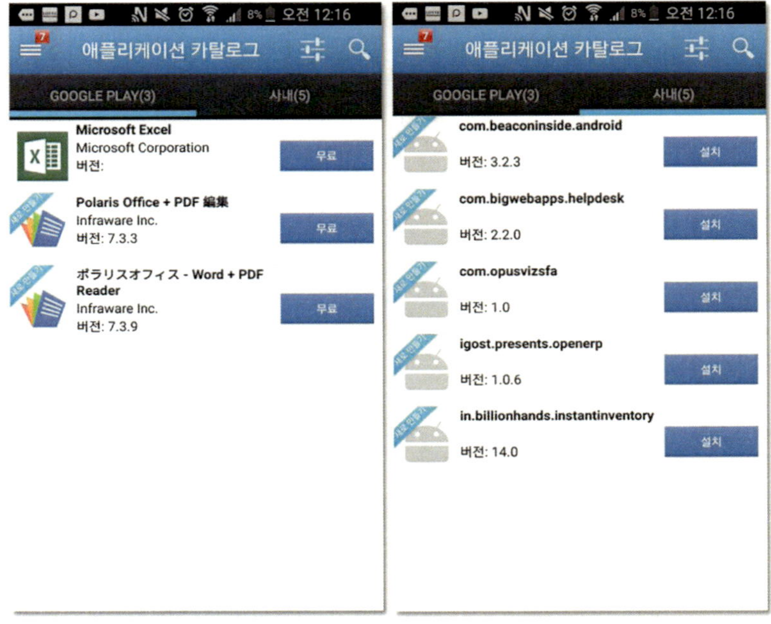

I. 키오스크 모드를 통한 모바일 업무화

1장에서 소개한 Lockdown(락다운)의 또 다른 명칭이 키오스크 모드이다. 모바일에서는 락다운을 적용해야 키오스크가 되므로, 락다운이 모바일 측면의 명칭이고 키오스크가 원래 존재했던 개념인 것이다. 업계에서는 이 두 명칭이 혼재되어 사용되고 있다. 이 기능으로, 각 해당 기업과 기관별 UI를 수정하고, 허용된 앱 사용 이외의 그 어떤 행위도 용납치 않는 강력성이 필수인 사용방식이다. 한 예로, 학원에서 교육용 앱만을 띄우고자 하고 학원의 지점이 전국에 퍼져 있는 경우,

EMM은 상당히 유용한 도구가 될 수 있다. 국내 사례에서는 교육용 태블릿을 구매할 시, 이러한 키오스크 기능만 구현하도록 주문하여 도입한 사례들이 있다. 이러한 소비자 기기가 자동으로 OS가 업데이트되며 키오스크가 풀려버리는 불상사가 발생하지 않고, 눈앞에 없는 태블릿에 대한 관리가 극구 필요없다면 이러한 접근도 고객이 만족할 수 있다. 단, 그 반대의 경우라면, 태블릿을 도입한 비용 이상의 손실이 발생할 수 있음을 고객사가 사전에 계산하여 고려하는 것이 바람직 하다.

위 학원의 사례 외에도, 모든 모바일 업무에 적용될 수 있고 심지어 하드웨어 접근과 조작을 통해 발생하는 보안 이슈를 원천차단하는 가장 정점의 기능이 키오스크 모드이므로, IT관리자는 이 모드와 다른 기능을 조합해 기업을 잠정적 위험으로부터 보호할 수 있는 장점이 있다.

J. 파일/문서 배포

로컬 서버 혹은 클라우드 서버를 파일저장소로 사용하여, 번거로운 첨부 혹은 불필요한 용량을 차지하는 기존의 파일공유 방식에서 진화된, '배포'와 '회수'를 통해 임직원의 문서관리를 수행한다. Repository의 설치 방식에 따라 셋업단계는 번거로울 수 있지만, 설치가 완료된 후에는 효율성 높은 파일과 문서 배포 프로세스를 경험할 수 있다.

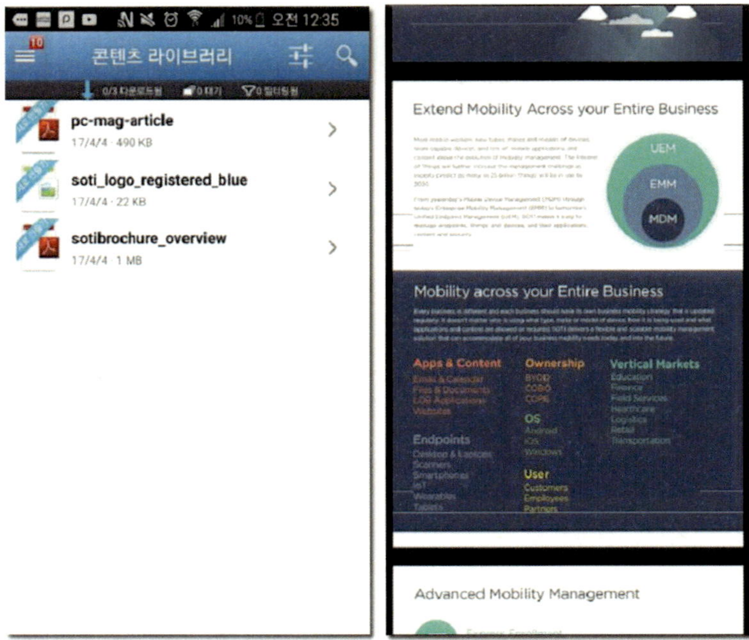

또한 위의 배포방식 외에도, EMM 서버와의 파일동기화를 설정하여 다양한 방식으로 서버의 파일을 받거나 축적해 가는 형태의 관리도 가능하다. 내부저장소 특정 경로의 파일을 불러들이는 앱들을 사용하는 경우라면, 군이 에이전트의 라이브러리를 사용하지 않고 동기화할 경우 서버의 파일 업데이트만으로도 모든 기기의 파일들을 최신화할 수 있다.

K. 스테이징: Android 와 Windows

Staging이라는 개념은 '공급'과 '배포'를 포함한다. 인건비가 높은 서구 지역에서 사용되기 시작하였으나, 이제는 지역과 문화의 경계없이 요구되는 기능이 되어가고 있다. 국내는 세계에서 손꼽힐 수준의 배송 시스템이 자리잡고 있어 불필요하다고 여겨졌으나, 이조차도 변화하고 있다. 모바일 하드웨어를 도입하는 데 있어 비용 문제는 피할 수 없기 때문이다.

기업 사용을 위한 모바일 장비가 소싱되면, 대체적으로 정보통신 업체들이 공급과 유지보수를 계약한다. 하드웨어를 구매하고, 고객 기업사의 현장에 투입될 수 있도록 앱을 설치하고 검수를 한다. 이 기간은 물량의 규모에 따라 수일에서 몇 주가 된다. 업무 옂역은 다음과 같다.

- 사용해야 하는 기능/사용 불가 기능 초기 구성
- 네트워크 접속 정책 구성
- 고객사가 주문한 기기 내역 확인
  - 일련번호 검수
  - DOA(Dead on Arrival - 제품 도착시 이미 훼손된) 파악
- SIM관리: 통신사 서비스 사용시 APN 초기 구성
- 배터리 상태 테스트 및 확인
- 업무 앱 설치 및 테스트
- 자산 보고서 운용
- 그 외 고객사가 주문한 업무
- 절차 완료 후 재포장/배송

아무리 전투적으로 서비스를 무상으로 제안하여 계약한다 할지라도

비용과 부담은 발생한다. 스테이징은 이러한 부분을 EMM의 기능으로 간소화한다. 스테이징이 어떻게 이루어지는지 다음과 같이 살펴보자.

소싱에 앞서 계획된 모든 정책을 EMM 상에서 설정하고, 적용 준비를 완료한다.

사진 5-9 지역/부서별 정책 및 스테이지 요소 사전 설정

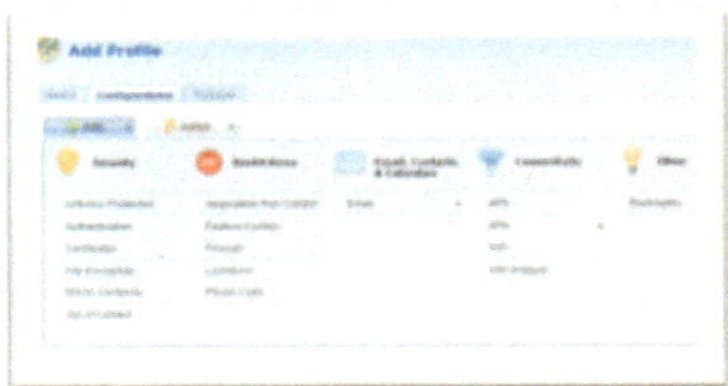

지역/부서별
정책 및 스테이지 사전 설정

정책 설정이 완료되면, 해당 정보를 바코드 혹은 QR 코드로 출력한다. 이 때 생성된 바코드는 설정된 정책들을 서버로부터 받을 수 있는 메타정보를 포함한다. 이 바코드는 유저에게 전달된다.

사진 5-10 스테이지 바코드 PDF 생성 후, 해당 유저/지점의 이메일로 전송

스테이지 바코드 PDF 생성 후
해당 Branch들에 이메일 전송

기기 공급과 유지보수를 하는 업체를 거치지 않고, 해당 모바일 기기들을 바로 목표 지점 혹은 부서로 직배송한다.

 모바일 기기를 각 유저/지점에 직배송

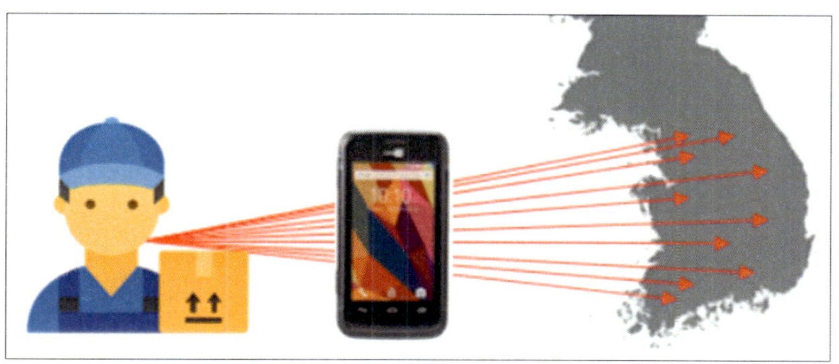

유저들은 받은 모바일 기기의 포장을 해제한다.

 각 유저의 모바일 기기 박스 해제

각 유저들의 태블릿 포장 해제

단말기 전원을 켜고 EMM 앱 설치를 확인 후, IT 관리자가 이메일 혹은 문자로 배포한 바코드를 스캔한다.

 솔루션 앱 다운로드 및 설치 후 전송받은 바코드 PDF를 스캔

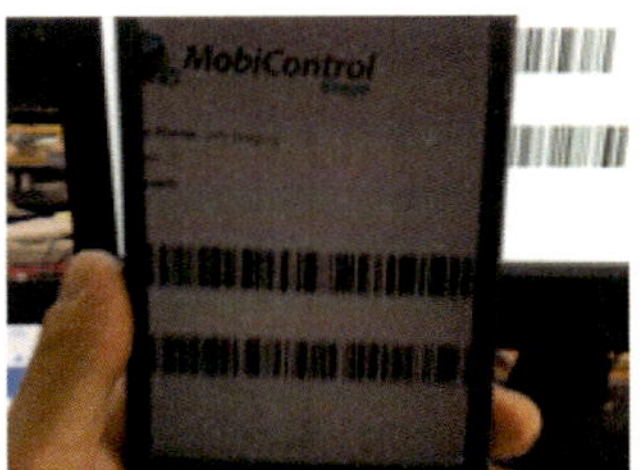

솔루션 앱 다운로드 설치 후
전송받은 바코드 스캔

일정 기간 내에 모든 유저가 스캔과정을 거치고 나면, IT 관리자는 EMM 콘솔에서 모바일 기기 관리의 준비가 완료된다. 모든 정책이 적용 완료되고 기기의 상태나 불량 여부를 한 번에 확인할 수 있다. 등록이 안 된 기기들은 DOA들의 불량으로 분류하여 조치를 취한다.

 모든 기기의 서버 등록 완료 후 앱/정책 자동 배포. 모든 유저가 바로 업무 시작을 하고, 관리자는 기기 관제를 시작

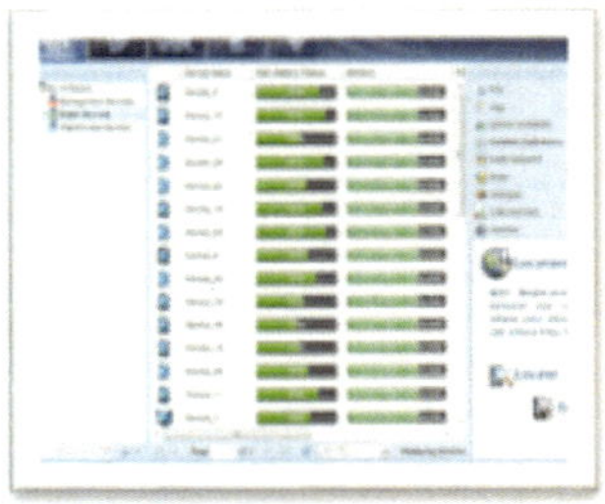

- 모든 지점/부서들의 서버 등록 완료
- 접속된 기기들에 정책 자동 적용
- 앱 배포 / 관리자 모드 즉각 자동 실행
- 전지역의 임직원 사용 / 관리자 관제 시작

이렇게 스테이징을 통해 배포하면, 초반 도입 시간과 배포를 상당한 수준으로 감소할 수 있다. 어떻게 보면 EMM 솔루션의 도입 비용 이상의 절감도 경우에 따라 가능할 수 있다. 이러한 장점들이 확인되면, EMM의 도입을 통한 모바일 기기 관리의 동기와 목적이 더욱 명백해지므로 기업의 모바일 자원 관리의 선순환이 정착할 수 있다고 필자는 생각한다.

L. 스테이징: iOS

iOS의 MDM은 오히려 국내에서 안드로이드보다 더욱 전파가 잘 된 것으로 보인다. 애플의 매니아 층도 적지 않고, 또한 개발자들의 노력이 적용된 흔적도 어렵지 않게 찾아볼 수 있다. iOS를 EMM 솔루션을 통해 제어할 때, 그 방식은 안드로이드, 윈도와는 차이점이 많다. 애플의 MDM철학을 그대로 따라가야만 하는 느낌이 매우 강하게 든다는 표현이 적절해 보일 정도이다. iOS의 기기 관리를 차례대로 소개하고자 한다.

DEP

DEP는 Device Enrollment Program의 약자로, 애플이 리셀러, 통신사 그리고 MDM 벤더들과의 파트너십을 통해 제공하는 프로그램이다. iOS와 MacOS에 모두 적용이 가능하나 모바일 운영체제인 iOS 중심으로 소개를 하겠다. 2018년도부터는 파트너십의 개념이 바뀌어 꼭 리셀러를 통하지 않고도 도입이 가능하도록 정책이 변경될 예정이나, 지난 수년 동안 다음의 방식들이 유지되었다.

- **Simplified Setup 설치 단순화**
  - 애플 기기들이 최초 활성화 시점에 등록 자동화를 강제하여 고객 중점의 배포를 가능하도록 함

- **Customization 커스터미제이션**
  - 최초 기기 활성화의 구성 스크린을 고유화

- **Supervision 통제**
  - 최초 기기 활성화 동안 OTA(Over-The-Air)를 통해 기기 통제 가동
  - 강도 높은 통제의 적용 가능

- **Prevention 방지**
  - 기기 관리가 작동 않는 동안 MDM 프로필의 제거를 차단

DEP의 이점

- 배포 단계에서 권한부여와 등록 일원화를 하는 비용과 시간을 대폭 감소
- 기기 박스가 개봉되지 않은 상태에서도 유저에게 MDM 등록 상태로 배포 가능
  - 기기가 이미 EMM 환경을 인지, 유저가 직접 서버주소를 입력하는 과정 불필요.
  - 구성 화면 사전 제거 혹은 감소된 설정 단계.
  - 성공적인 구성 및 활성화의 결과로 이미 EMM 정책 적용이 완료된 상태로 유저는 바로 기기 사용 시작.

프로세스 비교

 DEP가 없는 배포 프로세스

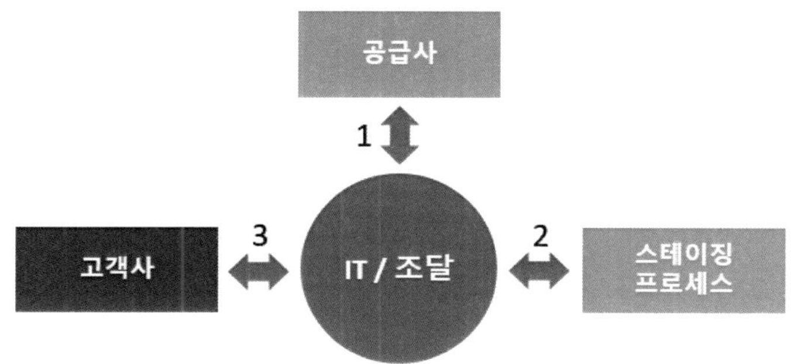

 DEP를 통한 배포 프로세스

DEP 프로그램 요구사항

- https://deploy.apple.com/qforms/open/register/index/avs를 통해서만 신청
  - DEP는 모든 국가에서 지원되는 것이 아니므로 DEP 지원이 안 되는 국가에서는 Apple Configurator를 통해 구현이 가능.
  - 지원가능 국가는 https://www.apple.com/business/dep/에 나열.
- D-U-N-S 번호와 사업자 등록 정보 일치
- 애플을 통해 직접 구매할 경우, 공급자의 DEP Reseller ID 혹은 Apple Customer Number

- Customer ID의 발부

- 리셀러의 'DEP Reseller ID' 보유 현황을 고객사가 직접 확인

  - 애플에는 DEP 리셀러 목록을 공개하지 않으므로, DEP를 공급한다고 주장하는 리셀러로부터 직접 확인 필요.

시스템 요구사항

- iOS 7 이상

- 2011년 3월 1일 이후 구매한 기기부터 가능

  - Apple Customer Number로 구매한 경우여야 함.

- 정식으로 DEP 연동이 되어 있는 EMM 솔루션

M. 원격제어

원격제어는 '관리'영역에서 최고 수준의 기능이며, 개인 소유 스마트폰과 관련된 분야와 거리가 멀다. 국내에서는 개인정보보호법으로 인해 법인용 폰 및 산업용 모바일에만 적용될 수 있다. 오직 원격제어만 제공하는 소프트웨어를 제외하면, 아직까지 스마트폰 원격제어를 판매 가능한 수준으로 구현한 EMM은 SOTI사와 AirWatch가 유일하나, 원격제어의 퍼포먼스로는 SOTI가 부동의 1위이다. SOTI의 원격제어는 유저가 기기를 손에 들고 있는 것과 동일한 수준의 접근성을 제공한다. 하드웨어 키까지 매핑을 한 기능을 보유하여 기기 파손 및 통신모듈 오작동만 없다면, 통신으로 접속하여 비물리적인 모든 조치를 취할 수 있다.

 SOTI MobiControl의 모바일 원격제어

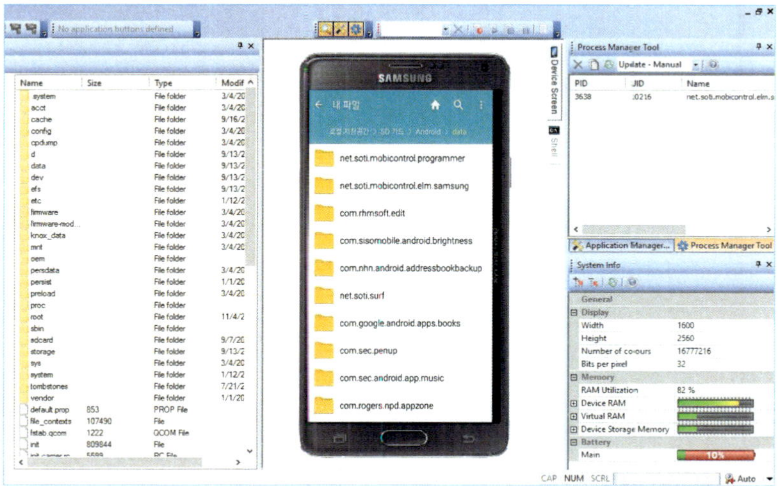

이로써 모바일 기기를 관리하는 유형을 살펴보았다. 지금까지 소개된 내용들은 관리의 기준이 되는 기능들이라고 해도 무방하다. 이 기능 요소들을 상황에 맞춰 응용을 하고 조합을 하면, 모바일을 통한 새로운 차원의 업무 프로세스를 경험할 수 있다. 물론, 이러한 내용을 이해하는 것은 이루고자 하는 전체의 20% 수준일 것이다. 80%는 기획, 서버 구축, 테스트, 디버깅, 네트워크 및 기기 안정화까지 현실의 영역이 되기 때문이다. 그러나 초반 20%의 지식이 결여될 경우 결과물이 그대로 따라온다는 원리 또한 인지하고, 단순히 소싱 업체의 제안서 내용에만 의존하는 것이 아닌, 체계적인 이해를 사전에 드모할 수 있기를 희망한다.

6

모바일 보안

A. 모바일 보안의 현 주소

MDM 혹은 EMM은 눈과 손을 통한 체험을 하지 않고서는 일반 검색으로 배우기가 정말 어렵다. 2017년 현 시점에도, 모바일 장비를 취급하는 공급업체들조차 EMM의 근본 개념에서 헤매고 있다. 이러한 시장 상황에서 위험한 것은, 올바른 인식과 지식을 바탕으로 한 솔루션 기획이 아닌, 활성화 된 EMM 벤더의 제안에 휩쓸려 선택을 하게 된다는 점이다. 결국 문제가 발생하면 모든 것이 끝도 없이 복잡해진다.

이러한 이유로, 국내에서는 보안 소프트웨어 업체들이 MDM을 '모바일 보안'의 컨셉으로 만들기 시작했고, 이에 따른 공격적인 영업과 마케팅으로 한국에서 MDM은 '모바일 보안'이 되어 버렸다. 정작 Device Management, 기기 관리 측면에서는 '굳이 돈을 들여 관리를 할 필요가 있는가?'라는 본능적 논리 충돌이 발생하고, 사내 정보 유출에 대한 단기적 니즈만이 거론되며 MDM은 국내에서 보안 솔루션으로 뿌리를 내렸다. 물론 모바일이 지금의 수준까지 범용화되는 숙성 과정에서 발생할 수 있는 현상이지만, 도입 업체의 솔루션 도입 기획이 더욱 주도적이었다면, 국내 EMM 문화는 1, 2년 더 앞서 효과를 보았을 것이라고 생각한다.

모바일 보안은 모바일 기기 관리의 총체적인 분야를 구성하는 요소들 중 한 가지일 뿐이다. 아무리 시장요구가 보안에 집중되어 있다고 해도 구성요소가 관리 주체를 앞서갈 수는 없다. 모바일은 시대의 흐름을 바꿀 정도로 강력하고, 기술적으로도 복잡한 동물이므로, 단 한가지 영역에 국한될 수 없기 때문이다. 국내의 모바일 보안 니즈는 '임직원 스마트폰 통제'가 주를 이루며, 다음과 같이 대화가 시작된다.

- 출입통제 영역에서 카메라 잠금
- 유출을 막기 위한 USB 파일 전송 차단(iOS 해당 없음)
- 그 외 몇 추가 기능

상기 토픽들은 그저 시작단계 수준이다. 그러나 국내의 현실은 이의 도입조차 멀고 멀다. 다음과 같은 장애물들이 존재하며, 모든 기업이 대부분 공통적인 고민을 가지고 있다.

1. 안드로이드 위주의 EMM

- 국산 EMM은 대다수가 삼성. LG 폰으로 제한된 소프트웨어
- 외산 EMM은 극소수만이 외산 스마트폰 지원
- iOS 통제 제한 요소
  - 애플은 '보안할 요소가 없을 때 가장 강력한 보안 구현된 것'이라는 유형의 접근을 하여, EMM 업체가 개발을 할 때 필요한 API를 매우 제한적으로 공개

- 외산 EMM은 애플사와의 파트너십을 통해 그나마 현존 API를 통해 구현 가능. 최신 OS 업데이트가 출시 되기 전 EMM 업데이트 완료
- 국산 EMM은 애플과의 파트너십 미체결. 몇 달 후 EMM 업데이트됨으로 인해 OS 업데이트와 속도 맞춤 불가 매번 OS업데이트가 발생할 때 다 문제 발생

2. 개인정보보호법의 사각지대

- 가장 민감하고 국내에서는 법안이 돕지 않는 한 해결이 되지 않을 영역
- 스마트폰의 소유권 중심의 쟁점
- 법인폰의 지급은 비용이 높으므로 임직원 폰을 업무에 도입
  - 이 시점에서 사내 중요 정보가 개인의 영역에 존재. 유출 가능
  - 파일 암호화(DRM)로 파일 유출은 어느 정도 방어 가능하나 화면 캡처는 EMM의 기능 영역임
- 기업과 노조 간의 인권 침해 영역 정의가 결여된 상태
- 어디까지나 개인 소유의 스마트폰에 소프트웨어가 접근하는 것은 임직원 개개인이 개인 정보를 비워버리지 않는 한 민감한 이슈가 됨

3. 도입을 기획하는 보안실/본부의 비현실적 요구 범위

- 소프트웨어를 쇼핑하며, 기술적으로 가용한 범위에 맞춰 기획한다면 외산/국산 모두 도입이 가능함에도 '불가능은 없다'로 시작
- 보안담당도 개인의 도입 실적이 평가되므로 요구사항에 양보가 거의 없음. 도입하고자 하는 방향은 확실하나 상당한 수준의 시스템 통합이 요구됨
- 프로젝트의 RFI(Request For Information) 단계에서 각 참여 업체의 정보를 수집하여 신속 학습, 이후 빠른 진행을 하는 경우가 허다함. 이러한 접근으로

EMM의 정확한 실체 파악 및 도입은 리스크가 클 수밖에 없고, 진행 과정에서 고객사 스스로 문제를 직면할 수 있음

4. 실체 확인 결여

■ 설치파일로 존재하는 EMM은 테스트와 확인이 가능. 그러나 국내에서 시작한 EMM들은 많은 커스터미제이션이 열려 있는 상태가 다수임. 평가판은 거의 찾아볼 수 없음

  ■ Proof-of-Concept(PoC)를 통해 고객사 환경에서 잘 작동하는지를 중단기적으로 테스트함은 필수. 모바일 기기 도입 시 하드웨어 벤치마킹(BMT) 세션을 거치는 것과 동일 소프트웨어는 실체가 없는 경우도 많으므 필히 눈으로 확인해야 함

  ■ 국산과 외산 EMM 모두, 시연이 곤란한 소프트웨어들은 다음 중 한 가지 형태를 보인다.

  • 수주 이력과 개발 개런티로 소통
  • EMM외 다른 아이템들을 병행함으로써 시연을 위한 인력할당 불가
  • 판매 후 서포트가 불가한 구조이므로 스스로를 서포트할 수 있는 특정 유형의 고객사에만 판매 가능. 전적 위탁 형태로 진행을 원하는 업체와의 접점 회피

모바일 보안을 고려하는 기업들은 위에 나열된 내용들 중 일부를 겪을 수밖에 없다. 안타깝게도 답답한 현실이지만, 다행인 점은 모바일 보안 해결책이 존재한다는 것과, 솔루션이 존재하는 시장 상황 이해만 제대로 하면 도입이 가능하다는 것이다.

B. '모바일 보안', 결국은 BYOD

2013년부터 모바일 도입이 다양화되며, BYOD(Bring Your Own Device), CYOD(Choose Your Own Device) 및 COPE(Company-issued Personally Enabled) 등의 형체 다각화가 이루어졌지만, 비용 효율의 측면에서 BYOD는 그 개념위치에서 이탈한 적이 없다. 모든 출퇴근하는 임직원이 스마트폰을 보유했으므로, 이를 넘어설 개념은 지구상 어디에도 없는 것이다. 이를 넘어서려면 결국 법인폰, COPE라는 투자가 답이지만 아무리 아이디어를 내어도 IT자원이 지속적으로 할당되는 것은 막을 수가 없으므로, 이 마저도 통증이 없을 수는 없다. 업체의 단말기 비용효율이 초래하고, 지금도 그 자리에 꿋꿋이 버티고 있는 BYOD는 Bring-Your-Own-Disaster로도 불린다. Crowd Search Partners의 글로벌 통계로 비추어 보면, 모바일 보안은 다음과 같이 분석된다.

그림 6-1 BYOD 관련 난제 통계 차트

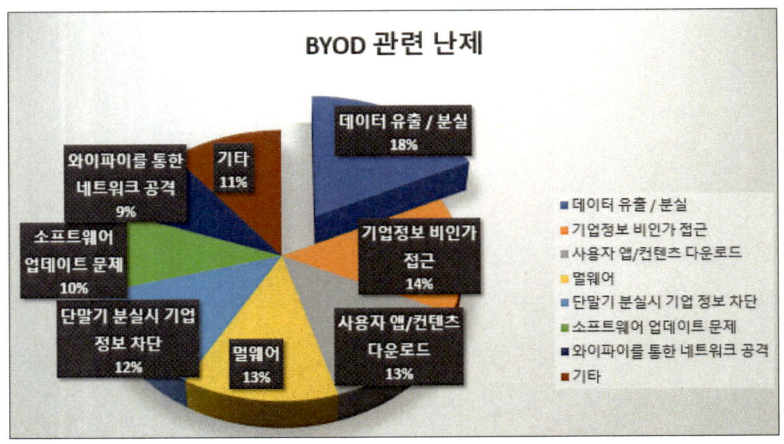

데이터 유출/분실은 모든 BYOD 통계에서 부동의 1순위를 차지한다. 2015년도에는 Ashley Macison사와 Vtech사 등의 기업들이 초대형 Data Breach(데이터 유출/침하)로 이례적인 기록을 세우며, 암호화 기술과 더불어 BYOD도 더불어 뜨거운 토픽이 되었다. 스마트폰은 해커의 역량에 따라 다양한 악재의 통로가 될 수 있다는 일각의 분석이 있었던 것도 하나의 사유이다. 개발자료, 고객정보 등의 정보는 때로 상당한 가치를 보유한다. 필자가 개인적으로 목격한 국내 중견기업 사례들을 정리해 보면 일반적으로 다음과 같다.

- 핵심 개발 인력이 자료를 들고 경쟁사로 이직할 시
  - 그 당시 분개, 오랜 앙금이 가는 현상
- B2B 고객사 정보를 들고 경쟁사로 이직할 시
  - 그 정보만으로 어디까지 갈 것인가라는 반응, 혹은 언급이 없음
- 진행중인 프로젝트 정보를 가지고 경쟁사로 이직할 시
  - 당장의 큰 수익에 영향을 미치므로 비상 조치
  - 수위가 높을 경우 소송 진행

강경대응의 사례를 오히려 한 번쯤 뉴스에서 보고 싶은 충동이 들 정도의 현실이다. 사건이 벌어진 후에도 수습에 힘을 크게 쏟지 않는다는 것이 공통적이었다. 물론 대기업은 조직적인 대응이 얼마든지 가능하겠지만, 대기업 핵심기술의 중국 유출 사례 등의 뉴스 보도들을 보면 역시 '사전방지'에 대한 많은 의문을 가지게 된다. BYOD의 현 주소는 앞으로도 바뀌지 않을 것이다. 국내의 현실은 더더욱 속수무책으로 갈 수도 있다. 인권과 기업자산의 사각지대를 분석하여 합당한

솔루션이 도입될 수 있도록 모두가 책임감 있는 노력을 해야 한다.

C. EMM 외부 연동, 그리고 커스터마이징

2013년도부터 2016년까지 EMM, MDM에 관한 뉴스 보도는 대략 60개 이상이 존재한다. 대다수가 홍보 혹은 개념적인 보도자료였고, 분야에 대한 이해 수준도 각기 다양하다. 그러나 필자는 국내에서 1명의 기자분이 EMM과 MDM을 매우 정확히 이해한 상태에서 국내의 현실까지 날카롭게 지적한 기사를 발견하였다. 이러한 저널리스트 분들의 활동은 솔루션 공급자들에게 사실상 용기를 준다. 현실이 왜곡 혹은 외면되어 가면 절망이 빠르게 찾아오지만, 모두가 팩트(Fact)를 동일하게 바라보고 분석한다면 그 이후에는 방법을 도출하고 시장의 선순환을 추구할 수 있기 때문이다.

수많은 신문기사 중 시장의 맥락을 잘 파악한 부분들을 요약하자면, 국내 EMM의 성장을 막은 것은 '커스터마이징' 임이 시사된다. 국내 기업들은 타 국가 대비 매우 일찍 업무 시스템을 스마트폰으로 개발을 시작했다. 모바일 OS의 빠른 업그레이드는 모든 소프트웨어 개발업체들이 대대적인 수정을 매 OS배포 때마다 해야 했으며, 적지 않은 업무 장애를 도입기업들이 겪었어야만 했다. 특히 점유율이 높은 안드로이드는 OS버전업 주기가 상대적으로 더욱 짧아 솔루션 개발 기업들의 업무는 점차 감당 수위를 벗어나 버렸고, 즉각적 대응도 어려워짐과 동시에 판매를 이미 해버린 고객사 유지보수에서 손실이 계속되어 사업이 중단되는 사례가 적지 않았다. EMM의 경우에는 안드로이드 제조사들이 보유한 각기 다른 API에 붙어 개발해야 하는데, 고객사들이 보유한 폰이 모두 동일하지 않으므로 결국 OS 파편화 통합의 벽에 부딪히고, 더불어 EMM 성숙기를 미처 거치지 못한 국내 고객사들의 인식에서 비롯된 낮은 가격의 경쟁으로 시장은 축소되고 말았다.

실제로 겪을 수밖에 없는 시장 상황에 대한 지적들은 이미 시도되었다고 본다. 한국의 IT 접근성은 상당히 진보되어 있고, 어떠한 각도에서는 매우 도전적이다. 뛰어난 인프라와 개발 및 SI 능력을 보유하고 있음에도 불구하고, EMM의 도입이 되려 상당히 뒤처져만 가고 있다. 앞뒤 안 가리고 요구되는 커스터마이징이 큰 몫을 했고, 지금도 진행형이다. 돈으로 안 되는 것이 어디 있느냐는 인식으로 커스터마이징을 한다면, 돈을 그만큼 투자할 때 가능할 수도 있다. '가능할 수도 있다'라는 표현을 필자가 사용한 것은, 모바일의 진화 속도는 결코 느린 적이 없어 기업들이 상시 따라잡는 것이 만만치 않고, EMM 기술 방향도 점점 다양해지고 있기 때문에 '자금' 외에도 '시류' 또한 상황에 따라 치명적일 수 있다. 돈으로 안되는 것 - 모바일에서는 유기적으로 존재하므로, 이러한 난제들은 고객사 또한 인지하고 고려할 것을 권장한다.

D. 모바일 보안의 비용 측면

- 모바일 보안은 소프트웨어 가격이 글로벌 시장에서도 다소 낮게 평가된다.
  - 반면 한국처럼 커스터마이징/시스템 통합 용역이 투입되면 억원 단위로 증대된다.
- 시장의 수요는 전반적으로 상당히 방대하다.
- 안정성 있는 EMM 소프트웨어 개발에 투입되는 자원은 절대 만만치 않다.

BYOD 성향이 짙은 EMM 솔루션 업체들은 위 3가지의 틀을 원만히

소화해 내야 한다. 부유한 고객사들은 비용에 연연하지 않을 수도 있다. 하지만 BYOD는 크고 작은 모든 조직에 예외없이 해당되고, 그만큼 엄청난 규모의 시장이므로, 시장 점유에 힘을 써야 한다. 모바일 보안 - BYOD는 한 때 지나가는 트렌드로만 볼 것이 아닌, 어느 기업이든 언젠가 해결해야 하는 과제로 인식되어야 한다는 의견을 남긴다.

E. 모바일 보안을 포함한 2017년 한국의 EMM 시장 상태

어떠한 보도 기사는 한국의 EMM 수준이 앞서 있다고 언급하지만, 이는 근거없는 논리이다. 서구 국가 대비 현저히 낙후되어 있고, 아시아 전체에서도 베트남, 필리핀과 큰 차이가 없다. 하지만 각 기업 IT 부서들의 수행능력은 선진국을 아우를 만큼 경쟁력이 있다. 충분한 시간을 두고 한 우물을 파고들 수 있었다면 EMM 문화의 레벨이 달랐을 것이다. 하지만 불과 몇 년 전만 해도 마땅히 외산 솔루션도 선택이 넓지 않았고, 국내 업체들도 성장에 바빴으며, 각 기업의 도입 주체는 항상 짧은 스케줄 안에서 프로젝트를 완료해야 했다. 국내 시장을 지켜봐 온 바, 2016년과 2017년은 크게 다르다. '모바일 관리' 개념이 더욱 파생이되어 있었고, '모바일 보안'의 이해에 대해서도 다들 익숙한 분위기이다.

아시아 EMM 시장에서 도입이 두드러지는 국가들은 다음과 같다.

- 일본

- 싱가포르

- 홍콩

상기 3개 국가는 IT도입 문화 자체가 사실상 서구 국가와 거의 유사하다. 고객사들 대부분이 스스로 필요한 기능분야를 사전에 잘 인지하고 있고, 통신사들도 EMM 사업을 모두 보유하고 있다. 이 국가들의 통신사는 자체 EMM 개발을 거의 하지 않고, 합리적 소싱의 방향을 찾는다. 또한 각 EMM 업체를 잘 분석하여, 요구사항은 항상 검증된 영역에서 발생한다는 특성이 있다. 상기 국가에서 '모바일 보안'을 요구하는 시장은 거의 대부분 '정부 및 공공분야'이다.

EMM을 개발한 업체들이 역사가 짧거나 수주 이력에서 많이 뒤처지면, 글로벌 시장에서는 이러한 EMM 솔루션을 'Alpha EMM'이라고 구분한다. 각 국가별로 적지 않은 Alpha EMM 업체들이 존재하며 성장을 위해 고군분투한다. Alpha EMM 업체들은 한국에 10개 정도가 있으며, 그 중 가장 오래된 업체는 5~6년 정도의 EMM 역사와 수주 이력을 보유했다. 집계된 바, Alpha EMM의 보유 순위는 아시아에서 다음과 같다.

1. 중국
2. 인도
3. 대만
4. 일본
5. 한국
6. 베트남

중국과 대만은 한국만큼은 아니어도 '모바일 보안'과 '시스템 연동' 요구사항이 제법 발생하는 국가이다. 차이가 있다면, 현존 EMM 기술

인프라가 충분하지 않다는 판단이 서게 되면 오래 지체하지 않고 다음 검토로 넘어간다는 점이다. 대만은 한국보다 여러 부분에서 규모가 작지만 제조와 개발을 하는 업체 수가 많은 편이며, '자체개발'을 추구하는 움직임은 결코 한국에 뒤처지지 않는다. 그럼에도 불구하고 글로벌 순위의 EMM 솔루션은 아직 등장하지 않았다.

아시아에서 EMM 도입이 가장 치열한 시장은 '중국'이다. 크고 작은 업체들이 글로벌 수준을 육박하는 기술력을 보유하기 시작했고, 가격은 경쟁사가 시장에서 철수할 때까지 최저로 버틴다. 이 시장에 진입한 EMM 업체들은 중국에 맞는 전략과 체력을 보유하지 않는다면 사실상 숨도 쉴 수 없다. 중국 업체 중 NQ Mobile(NYSE: NQ)사는 NQ Sky 혹은 Nation Sky라는 EMM 소프트웨어를 개발했고, 가트너 매직 쿼드런트 순위에 집계되며 글로벌 EMM 기업들에 다소 위협적인 성장을 하고 있다. 정식 슬로건은 아니지만, 2016년도에는 북/동아시아 지역에서 NQ Sky가 "조만간 전세계 EMM을 지배할 것이다"라고 선언하는 것을 어렵지 않게 접할 수 있었다. 그들의 기술력은 많은 프로젝트에서 입증되어 자신감 발언 이상의 무언가를 기대하게 된다. 심지어 다양한 ICT사업 분야와 제조로도 유명한 Huawei사는 NAC(Network Access Control)을 접목한 임직원 BYOD를 출입 망분리, 망접속 기반 방문자 스마트폰 통제를 구현하여 보안난제들을 자체적으로 해결한 것으로 잘 알려져 있다.

반면, EMM의 개발과 도입은 한국이 뒤처져 있지만, 모바일을 분석하고 활용하는 수준은 아시아에서 상위권이다. IDC가 2017년 상반기에

호주에서 진행한 IDC Market Analysis Perspective(MAF) 세션에서는 '기업 모바일 성숙도'를 다음과 같이 소개하였다.

 국가별 기업 모바일 성숙도

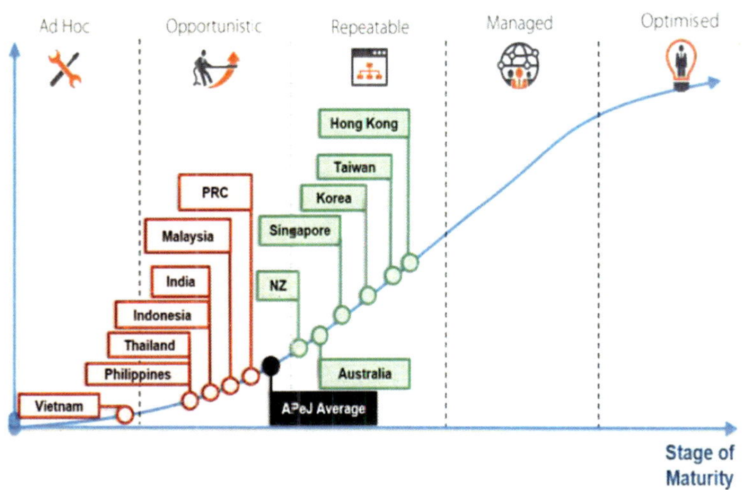

솔루션 도입은 환경에 직결된 부분이므로, 국내 시장도 곧 빠른 속도로 업계를 파악하고 도입과 개선을 반복하여, 글로벌 개발업체를 오히려 이끌어갈 것이라고 필자는 예상한다.

F. 외산 EMM의 공공시장 장벽: CC(Common Criteria)

국내 정부 기관도 한국 버전의 Common Criteria를 2014년부터 요구하기 시작했으며, 국산 EMM 중 경쟁력 있는 업체들이 이 인증을 취득하여 공공시장에 EMM을 공급하기 시작했다. 모바일 관리 영역에서 보안은 일부이고, 모바일 보안이 EMM으로 해석되는 것은 큰 이해 착오이다. 이에 대한 국내 기관과 기업의 이해는 각기 다른 상태이고, 이를 명확히 하는 데 이 책이 도움이 됐으면 하는 것이 필자의 희망사항이기도 하다. 다행스럽게도 점진적으로 국내시장의 이해도가 매우 빠른 속도로 정확도를 찾아가는 것이 목격되고 있다.

국내 Common Criteria 인증은 모바일뿐만 아니라 보안 솔루션 전반에 적용되는 것으로서, 이 인증 취득을 위해서는 상당수의 소프트웨어 소스를 해당 인증기관에 제출해야 하므로, 외국 기업들은 자산의 복제 혹은 유출에 대한 우려로 이 절차를 접하지 않는 것이 일반이다. 이 CC 인증이 부분적으로 적용될 수 있는지에 대한 여부는 정확히 밝혀진 바는 아직 없다. 단, 공공 프로젝트에서 대부분 명확히 요구되는 것이 일반이다. 이에 대해, 외산 EMM도 하나 둘씩 국내 CC 인증에 반영될 수 있는 자격을 취득하고 있다는 점이 지난 2016년도부터의 변화이다. 외산에서 미국 버전의 CC 인증을 보유한 기업은 MobileIron과 AirWatch가 유일하다.

 국내 Common Criteria인증 마크

2016년 6월 22일에 MobileIron이 2017년 2월 24일에 WMware Air-Watch가 미국 정부 예하 NIAP(National Information Assurance Partnership)으로 부터 CC인증을 MDM PP V2.0(Mobile Device Management Protection Profile) 대상으로 획득한 바 있다. 또한 국내에서는 2017년 2월 9일에 삼성SDS의 EMM이 iOS와 안드로이드에 이 MDMPP V2.0 CC 를 획득한 성과가 있었다. 이로써 국내의 공공시장 모바일 관리와 보안 영역에도 EMM 벤더 다각화가 이루어질 수 있으며, 지금까지 외산 솔루션이 감내해야 했던 높은 진입장벽의 시절과는 다른 구도의 경쟁이 기대된다.

'모바일 보안'은 IT 생태계에서도 가장 방대한 인프라 보안에 접목하여 다양한 응용이 이루어질 수 있고, 시스템 통합을 가미하건 사실상 끝을 알 수 없는 확장성을 볼 수 있다. 필자도 상시 접목하는 영역이므로 이 책을 통해 소개를 했지만 결국 요점은 하나다. 현실과 맞는 기획으로 기업이 직면한 환경에 맞는 솔루션을 면밀한 검증을 통해 도입하면 가능하다는 것이다. 모바일 보안의 니즈를 고려하는 기업들이 한 번에 완벽히 해결을 한다는 의지보다, 점진적인 단계를 거쳐 보안을 성숙시켜 나갈 수 있기를 희망한다.

7

EMM 생태계 변화

마이크로소프트사의 CEO인 Steve Baller는 모바일 기기는 현 기업 PC에 파괴적으로 작용하였음을 말한다.

> "현실은 모바일 기기에서 PC에서 할 수 있는 모든 것들을 장소에 관계없이 함으로써 생산성이 증가함을 기업들이 깨우쳐 가고 있다는 것이었다. 물론 PC시장의 성숙도에 비해 모바일은 초기 단계이지만, 모바일 관리 소프트웨어가 진화함으로써 기업 비즈니스는 모바일 도입이 급격히 증가할 것이다."

이 생각을 많은 전통 IT기업도 동일하게 했을 것이라는 점이 입증이라도 되듯이, MDM/EMM 기업들은 전략과 이해관계 검토를 통해 상당한 이동을 거쳤고, 이 과정을 알면 2017년 현 시점의 EMM을 이해하는 데 도움이 될 수 있다.

산업용 모바일이 MDM에서 큰 비중을 차지하고, 스마트폰이 업무영역으로 진입을 하고 있던 시절만 해도 시장 상황은 지금과 달랐다. 지원되는 기능, 구현된 API 수준 등이 지금보다는 원초적이었다고 할 수 있다. iOS 4 버전이 출시되고, 안드로이드도 젤리빈이라는 것을 보기 전이라고 하면, 대략 어떠했는지 독자들도 짐작할 수 있을 것이다. 안드로이드가 산업용 모바일에 접목된다는 것이 거론도 되기 전이다. 2011년 4월 13일에 가트너에 의해 발표된 MDM Magic Quadrant에서 업계 현황은 아래와 같았다.

그림 7-1 2011년 MDM Magic Quadrant

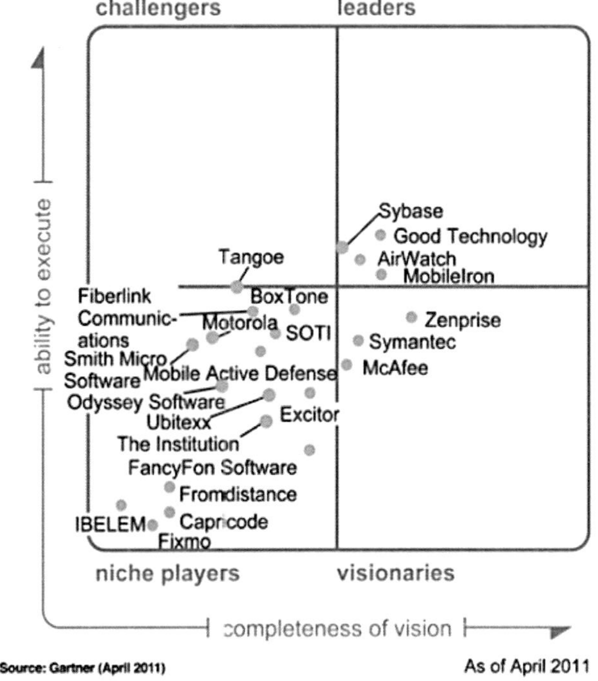

MDM 개발 전문 기업들의 브랜드가 상당한 선두였고, 일부 글로벌 기업도 자체 솔루션 개발을 했으나 단일 솔루션에 사활을 걸고 움직이는 경쟁사를 압도하기에는 전반적으로 역부족이었다. 당시 Leader와 Visionary의 위치에 있는 기업들은 지금도 유사한 시장 점유율을 보유하고 있으나, 실제 각 국가에서 체감하는 솔루션의 접근성과 거리감은 현저히 다르다. 여기에는 해마다 이루어졌던 글로벌 인수합병으로 인한 생태계 변화가 주 요인으로 해석되고 있다. 가트너는 Magic Quadrant를 진행하며 10개 이상의 EMM 업체를 마주하였고, 대부분이 한밤중에 도산할 수도 있는 스타트업들인 사실들로 인해 인수합병은 상당히 신중하게 진행되었음을 시사한다. 이런 주요한 변화의 과정들을 살펴보고자 한다.

Sybase만 하더라도 Afaria라는 솔루션으로 글로벌 시장에서 상당한 경쟁력을 발휘했었다. 그 결과로 2010년 한화 6조 원에 SAP에 인수된다. SAP은 BusinessObjects 인수 이후 더 이상의 큰 인수합병은 없을 것이라고 선언한 바 있으나, Sybase의 인수합병은 차세대 애플리케이션으로의 통로로 예외임을 말하였다. 당시 Sybase의 CEO는 이 인수합병 거래는 성장에 초점이 맞춰진 것이며, Sybase의 활동을 모든 플랫폼에서 가속화할 것이라고 언급하였다. 이후, SAP의 판매채널 네트워크에 힘입어 판매가 더욱 강화되었으며, MDM이 다소 생소하였던 국내 시장에서까지 굉장히 선전을 했던 이력이 있다. 그러나 인수합병이 이루어진 몇 년 후, 기대와는 다른 현실을 접했다는 기업들이 하나 둘씩 등장하게 된다.

2012년 3월 2일, IT업계에서 잘 알려진 Symantec은 자체 MDM기능을 보유하여 'Consumerization of IT'를 더욱 강화하고자 MDM 업체인 Odyssey Software를 인수한다. Odyssey Software는 1996년도에 창립하여 인수되기 전 16년간 모바일 보안 해결에 주력해 왔고, Symantec Mobile Management 솔루션의 OEM 서비스를 제공했었다. 이를 통해 Symantec 고개사들과 Odyssey 고객사들 모두 모바일 솔루션 통합으로 인한 확장성을 가질 수 있었고, Microsoft System Center Configuration Manager(SCCM)과 Altiris ITMS를 활용할 수 있게 된다. 여기서 멈추지 않고, 2012년 3월 20일 Symantec은 MDM을 강화하기 위해 모바일 앱 관리 보안 벤더인 Nukona를 인수한다. 당시 Nukona는 캘리포니아 주에 위치하여 기업들이 자체 업무 앱을 스토어 방식으로 모바일 기기에 배포하는 웹기반 서비스를 판매하였고, 암호화와 앱 관리 레이어를 통한 보안을 제공하여 iOS와 안드로이드를 지원하였다. 이 두 인수합병이 이루어진 후 Symantec은 BYOD 트렌드를 맞추어 가기 시작했고 기업 모빌리티의 선두를 겨냥한다.

국내에서 가상화 솔루션으로도 유명한 Citrix 또한 EMM 대열에 합류한다. Citrix의 임원인 Jesse Lipson은 2012년 6월 당시 Brian Madden 인터뷰를 통해 Citrix의 초점은 CloudGateway 제품을 통해 MAM을 강화한다는 것이었고, 기업시장이 이 개념에 준비가 되어 있지는 않은 상태라고 해도 미래의 흐름인 MAM을 기업들이 이해할 때까지 기다리고만 있을 수는 없다는 입장을 표명하였다. 이후, 2012년 12월 7일 유명한 Citrix 또한 한화 3,600억원으로 메이저 선상에 있던 Zenprise를 인수한다. 인수의 동기가 된 시장 전략은, Citrix가 보유한 CloudGateway MDX와 The Me@Work Apps라는 MAM에 하드웨어 레벨의 MDM을 더하여 단일 플랫폼에서 앱, 데이터 및 모바일 기기를 관리통제 한다는 것이었다.

인수합병 되기 전의 역사를 잠시 살펴보고자 한다. 이러한 인수합병들의 전략 되에는 기술의 흐름들이 주된 이유가 되기 때문이다. 2003

년도에 설립되어 기업 펀딩도 튼튼하게 이루어지고, MDM 업계에서 유명했던 Zenprise는 업계 생리가 MAM으로 전환하고 있음을 감지하여 'Zensuite'라는 MAM을 추가로 개발한다. Zensuite은 홍미로운 기술을 탑재하여 주목 받았다. 당시의 MAM들은 앱 레벨에서 동작하였고, 이메일은 단말기 레벨에서 통제되어야 했다. Zenprise는 접근을 조금 다르게 하는데, 이메일 첨부를 MDM 레벨에서 암호화해 수신자가 기업 앱에서만 열 수 있도록 하였다. 이로써 EMM 솔루션이 개인앱을 건드리지도 않고 동시에 보안 위험도 감소되는 효과를 얻는 방식은 상당한 경쟁력을 얻었다. 앞서 소개한 Containerization과 마찬가지로, 앱 레벨의 도구가 없이는 개인과 기업 영역을 분리하여 MDM을 구동하기 매우 어렵고, 이로써 사용자의 불편은 상당한 수치로 가중된다.

결과적으로 Zensuite을 보유한 Zenprise를 Citrix가 인수함으로써 EMM 진화의 진도를 상당히 앞서가게 되는 결과를 얻고, Zenprise는 엄청난 경쟁력을 더하게 되어 당시의 선두 기업들인 Good Technologies, MobileIron들을 견제할 수 있는 힘을 얻는다.

2013년 11월 13일, IBM은 클라우드 기반의 EMM 벤더인 Fiberlink

Communication을 인수한다. 이 이전까지만 해도 IBM은 2달에 1개 업체 수준인, 18개월 동안 8개의 업체를 인수하여 폭넓은 포트폴리오를 구축하고 있었다. 이같은 단기간의 성장곡선은 당시 Cisco에 견줄만한 수준이었고, 유사 규모의 기업들 중에 IBM이 얼마나 빠른 움직임을 보일 수 있는지를 입증하였다. 인수당시 IBM의 MDM은 경쟁력이 다소 약하다는 평가가 있었던 반면, Fiberlink는 소기업부터 공기업까지 3,500개의 고객사를 보유한 상태였다. Fiberlink의 솔루션은 쉬운 설치 및 사용으로도 알려져 있었다. FISMA(Federal Informaiotn Security Management Act of 2002 — 연방정보보안관리법) 인증도 보유하여 보안 우려를 최소화할 수 있었다. 이 인수합병의 하이라이트 두 가지는 시장리더 기업과의 경쟁구도를 갖춰 성장하는 것, MDM에서 EMM으로의 전환 단계에서 기능을 통합하는 것으로 당시에 알려졌다.

2014년 1월 24일, VMware는 한화 1.6조 원에 시장을 선도하고 있는 AirWatch를 인수한다. 합병 전의 AirWatch는 2013년 당시 직원 1,600명, 10,000여 고객사, 그리고 매출이 한화 1,000억 수준인 비상장 법인 이었고, 인수합병 거래를 통해 15배에 달하는 이익을 가지게 된다. VMware의 판단으로 AirWatch는 최선의 MDM 소프트웨어 선

택으로 평가되었다. 2014년도에 20억개의 모바일 기기가 유통될 전망
이었고, 상당수가 기업 업무에 사용될 것이므로 IT 조직에서 모바일
관리 소프트웨어가 요구될 것이라는 예상은 더더욱 VMware의 시장
대응을 더욱 거세게 추동시켰다. VMware가 AirWatch를 인수했다는
사실 한 가지만으로도 업계는 VMware가 유저 컴퓨팅을 향한 헌신과
약속이 무엇인지, 또한 기업 모바일 관리의 중요성은 무엇인지 답변되
었다고 할 정도로 진지한 반응을 보였다.

2015년 9월 7일, Research in Motion으로 알려진 BlackBerry Ltd사
는 Good Technology를 한화 4,300억 원에 인수합병한다. 이로 인해
Good Technology는 BlackBerry의 기업 포트폴리오에 통합되어 글
로벌 네트워크를 통해 도입된다. Good Technology는 2,000개 Good
Secured Application들과, 6,300여 고객사, 94%의 소프트웨어 연장
률, Fortune 100 기업의 절반이 도입되어 있는 등의 가치를 보유하고
있는 상태였다. 당시 항간에서는 삼성 혹은 HP사가 인수업체 후보로
거론되고 있었으므로, BlackBerry의 인수합병은 다소 예상 밖이었다
고도 한다. 물론 BlackBerry의 시장 위치도 상당한 가치를 보유하고
있었다. G7 정부 전체, G20의 16개 정부, 세계 10대 은행과 로펌, 세계

5위의 헬스케어, 투자법인 및 유전기업들과 체결된 Trusted Mobility Partner이기 때문이다. BlackBerry는 EMM을 따라잡아야 하는 동안 MDM으로의 대중관점을 벗어나기 힘든 위치에서 Good Technology에 특정적으로 관심을 보였던 부분은 'MAM 컨테이너'였다. 2,000여 소프트웨어 업체가 Good Technology의 플랫폼에서 개발되었으므로 경쟁력 또한 충분하다고 판단했다. 결과적으로, 사용자의 프라이버시를 보호하기 위한 컨테이너에 상당한 무게가 실리게 된다.

이외에도 이 책에서 거론하지 않은 수많은 인수합병의 물결이 3-4년 동안 이루어지며 EMM의 지각변동이 발생한 가운데, 대기업 인수합병을 거부하고 전문업체로 남은 EMM 전문기업은 대표적으로 2개가 있다. MobileIron과 SOTI이다.

연 매출 한화 1,400억 원 수준을 기록하고 있는 MobileIron은 EMM 메이저 리그에서 글로벌 대기업 힘을 얻은 경쟁사들과 쟁쟁하게 버티고 있다. 수많은 MDM/EMM 스타트업이 변변한 매출없는 상태를 건너뛰어 상장을 시도하는 현실 가운데, 2007년도에 설립된 MobileIron사는 모바일 업계에서 큰 폭의 성장 잠재력을 입증해 왔다. 2014년 3

월, M&A를 반대하고 관련 소문들을 침묵으로 응대한 MobileIron사의 CEO인 Bob Tinker(2015년 12월 까지 재직)는 수많은 MDM/EMM 인수합병에 대한 의견을 다음과 같이 제시했다.

> "모바일은 기업에서 최우선 컴퓨팅 플랫폼으로 빠르게 자리잡고 있고, 전통적인 IT 기업들은 기업 인수를 통해 이 시장에서의 길을 열어가고 있다. EMM은 어려운 분야이고, 모바일 업계의 속도로 움직이며, 명확한 초점이 요구된다. 기업들이 EMM에서 성공할 수 있도록 하려면, EMM의 리더는 EMM에 집중해야 하고, 후순위가 되어서는 안된다."

위와 같이 굳은 심지가 느껴지는 의견과 더불어, MobileIron사는 글로벌 인수합병이 한창이던 수년간 본연의 자리를 지켜냈다. 그러나 바로 이어서, MobileIron사의 고객사였던 Intel의 계열사인 Wind River에서 Bob Tinker의 뒤를 이은 신임 CEO Barry Mainz는 부임한 지 한달 뒤인 2016년 2월에 기업인수의 가능성을 암시한다. 리드 생성 전략을 통해 지속적인 기업성장을 확신함과 동시에 MobileIron의 매각을 추구하지는 않으나, 상장사이므로 모든 오퍼에 대한 검토를 해야 하는 책임도 있다는 인터뷰 답변이 한 사례이다.

SOTI®

필자가 재직 중인 SOTI는 대표적인 Stand-alone EMM 기업으로 글로벌 시장에서 활동하고 있다. 현재 17,000개 고객사가 사용 중에 있으며, 800명의 임직원 그리고 매출액 900억~1,000억 사이 수준을 유지하고 있다. 가장 큰 고객사로는 USPS를 보유하고 있고, 320,000대의 모바일 기기를 SOTI MobiControl로 구동하는 대표 고객사이다. 오래된 MDM/EMM 개발업체 중에서도 가장 오래되었으며, 시장점유율은 최고는 아니지만, 2017년 현재 Critical Capability영역에서 1위를 차지하고 있고, 가장 명확한 솔루션 철학으로 운영되고 있다.

이러한 SOTI도 2014년도에 인수합병 타깃이 된 시기가 있었다. 20년간 개발되어온 솔루션을 토대로 모바일 하드웨어 붐이 일었을 때 고속성장을 멈추지 않고 해 왔다. 이로 인해 자산을 건강하게 축적해온 EMM전문 비상장 기업인 SOTI에도, 글로벌 대기업 인수합병을 통해 얻을 수 있는 것은 상당히 많다. 그러나 CEO인 Carl Rodrigues는 'SOTI는 나아가야 할 SOTI만의 길이 있다'라는 답을 시장에 주었고, 꿋꿋이 그 길을 나아갔다.

인수합병에 양보될 수 없던 SOTI의 방향성 중 하나는 '엔드포인트 통합'이다. 앞서 소개한 개념이고, SOTI는 한 단계 더욱 초점을 맞춘다. 'OEM 산업용 모바일' 시장이다. 지금까지 다루어진 시장 규모와 금전적 순환에 비추어 보면 이것은 틈새시장이다. 단, 거부할 수 없는 것은 SOTI가 최초로 만들어져 성장해 온 뿌리이고, 산업용 OEM 모바일 시장에는 수백에 달하는 제조사들이 소비자 모바일과 함께 공존한다. 이 제조사들을 압도적인 수치로 지원하는 것이 SOTI이고, SOTI가 말하는 '엔드포인트'는 이 모든 제조사의 모델들이 포함되어 있는 개념이다. 만약 인수합병 후 새로운 경영진이 이에 대한 구조를 변경하는 것은, 경제 원리에 대한 불가항력이나, 시장을 향한 큰 변화가 선언될 수도 있다는 것은 가벼운 사안이 아니다.

SOTI는 산업용 모바일 시장에서 고유의 시장을 창출했다. 전체 모바일 대비 큰 수치는 아니지만, 산업용 모바일 영역에서는 보유한 호환성뿐만 아니라 구현된 기능들까지 어떤 경쟁사도 견줄 수 없을 정도로 강력하다. 결국 충성도 높은 기업들은 SOTI에서 변경할 이유를 찾지 못하게 되고, 호환되는 기기 모델들이 다양하므로 선택의 폭이 넓어진다. 반대로, 산업용 모바일 제조사들은 이러한 고객사들에 대한 통로가 형성되므로, SOTI와의 협력관계는 매출에 직접적인 영향이 발생하며, 이로써 고유한 시장에서 SOTI의 절대적 사업모델이 존재하는 것이다.

구현된 기능들은 CYOD, COPE 시장에서도 입증이 되었고, 그 덕분에 법인 모바일 영역에서 수많은 고객층을 형성했다. 단, BYOD의 경우 리스크가 큰 App Wrapping 방식을 대신하여 삼성 KNOX, 구글 Android for Work와의 전략적 협업을 통해 컨테이너리제이션과 앱 관리 방식을 형성하였고, 자체 브라우저와 저장소 기술을 도입하여 MAM과 MCM을 큰 틀에서 해결할 수 있도록 구현하였다. BYOD 측면에서 완성체라고 주장할 수 없는 가장 아쉬운 점은 자체 보안 이메일 클라이언트가 아직 없다는 것이다. 만약 여기까지 구현이 완료되면, BYOD 시장 점유 확대를 기대할 수 있다.

마지막으로 언급될 수 있는 SOTI의 방향성은 'IoT'이다. 기업 사물인터넷 영역이야말로 SOTI 입장에서는 양보할 수 없는 4차 산업혁명 요소이다. EMM의 성장곡선은 사실상 큰 변동을 기대할 시장 분위기는 아니다. 단, EMM에 IoT 모바일 개체들이 통합된다고 하면, 한 플랫폼이 제공할 수 있는 영역 개념은 우리가 알던 수준에서 차세대로 넘어간다. 결코 가벼운 도전이 아니므로, SOTI가 이 전환을 성공적으로 소화해 낼지 지켜볼 필요가 있다.

SOTI는 EMM영역을 전반적으로 지원하며, 솔루션 성능과 안정성에 많은 초점을 둔다. 소프트웨어 소싱 단계에서 가장 많이 접할 수 있는 '개발 약속', 혹은 '기능에 대한 구두 승인' 등을 SOTI 스스로가 믿지 않는다. 그래서 SOTI는 대기업 수준의 인력을 보유한 것이 아님에도, 상당한 인력을 끊임없이 시장에 투입하여 최대한 순환시키고, '실제 기능 동작'을 모든 환경에서 구현하여 선보이는 것을 마케팅의 일환으로 삼는다. 기술 이슈의 사각지대에 놓이기 쉬운 '모바일 솔루션'에서 직접 눈 앞에서 모든 PoC(Proof of Concept)를 성사시킴으로써 고객에게 신뢰를 주고 있다.

이러한 접근은 나름의 전략적 메리트도 존재한다. 소프트웨어 고객 응대는 사실 상당한 인적/시간적 자원이 소요될 수밖에 없다. 업계에서 잔뼈가 굵은 영업대표들과 엔지니어들은 빠르게 상황파악을 시도하여 '조건적' 지원을 하는 경우가 자주 발견될 수 있다. 이건 할당된 목표를 채우는 데 필요한 관리기술이다. 문제는, 사업 규모가 항상 클 수가 없고, 모든 고객사가 이 복잡한 EMM에 대한 선행지식을 잘 갖

추기는 현실적으로 어려운 가운데, 많은 기업이 지원 시작조차 못받는 형국에 다다른다는 것이다. 또 다른 부분은, 열심히 조사해 놓은 솔루션이 막상 PoC에 들어가면 기능이 안 되는 경우도 있다. 추가 개발과 호환 작업이 조용히 중단되는 경우가 이러하다. 이러한 납득하기 어려운 현실들은 세계 각 도처에 존재하고 있으므로, SOTI가 추구하는 방식이 고객 접근성을 향상시키는 경우가 많다.

8

모바일, 그리고 4차 산업 혁명

이 책을 쓰고 있는 2017년 9월의 시점에서 거론되는 수많은 EMM의 미래에 대하여 소개를 하고 집필을 마감하고자 한다. 기업 모빌리티는 3대 모바일 운영체제인 안드로이드, iOS 그리고 윈도가 지배하고 있다. 2015년까지만 해도 iOS가 상당한 기업 영역을 장악하고 있었고, 기존 윈도 임베디드 OS와 안드로이드가 산업 시장에서 전환기를 거치고 있었다. 지난 2016년 12월, 구글은 안드로이드가 기업 공급 영역에서 62%의 점유로 iOS조차 추월했음을 IDC의 World Wide Mobile Phone Tracker를 통해 명시하였다. 영향력이 더욱 방대해진 안드로이드는 EMM의 큰 변화를 운영체제마다 적용하고 있고, 이로써 모바일을 통한 프로세스를 도입하기에 앞서 기업들은 어떻게 EMM의 미래가 다가오는지 인지할 필요가 있다.

A. 안드로이드 엔터프라이즈Android Enterprise

해마다 진화하는 모바일 업계 특성에 따라, 이 책을 쓰기 시작했던 1장에서 거론한 Android for Work가 또 변화하였다. Android 6.0 Marshmallow에서 7.0 Nougat으로 운영체제가 업그레이드되며, 기업용 모바일 관리의 영역이 대폭 강화되었다. 글로벌 EMM 업계에서는 곧 더이상 Android for Work라는 용어를 사용하지 않고, Android Enterprise로 통칭하게 될 것으로 발표되었다. 뿌리는 동일하나 MDM API가 큰 폭으로 업그레이드되고, Google Apps Device Policy 7.55부터 중요한 변화가 발견될 수 있다. Android 6.0 Marshmallow 때부터 가용했던 두 가지 방향은 다음과 같다.

- ■ Managed Profile
  - 컨네이너 기능 외 몇 BYOD 유형의 기능 제공
- ■ Managed Device
  - 구글에서 구현한 Device Management의 총체적 기능 제공. 단말기의 공장 초기화 상태에서 설치 가능

Managed Device의 경우, 구글의 표준에 잘 맞는 기기라면 개발업체와 머리 아픈 과정을 거쳐야 하는 호환 인증 단계를 거치지 않고 EMM 설치가 가능하다는 점이 상당한 이점이다. EMM 개발 업체는 인력을 투입하여 인증을 진행하게 되면, 모바일 기기 제조사와 밀착 협업이 필요하고, 기기 OS의 운영체제에 문제가 발생하는 시점부터 지연이 발생하며 사업건 또한 어려움을 맞이하게 된다. 테스트를 해 보기 전까지는 어떤 문제가 도사리고 있을지 사전 파악이 불가하므로, 모바일 제조사와 계약관계를 맺기 전에 구글 OS표준을 얼마나 준수하는지 확인하기 위해 CTS(Compatibility Test Suite)를 통과했는지

를 검토할 수 있다. CTS는 GMS(Google Mobile Service)를 기기의 운영체제가 공식적으로 보유하는 데 필요한 테스트이고, 신규 OS가 배포되기 전부터 소스 접근을 허용하며 다음 버전의 OS가 나올 때까지 개방하므로, 테스트를 완료해야 하는 납기가 존재한다. 이 허용된 기간을 놓치면, CTS 테스트 결과를 구글에 전달할 수 없으며, GMS를 받지 못하면 지메일, 구글맵, 플레이스토어 등의 핵심 앱들을 사용하는 데 문제가 생긴다. 이러한 문제는 단말기 판매에도 영향을 미칠 뿐더러, EMM의 도입에도 어려움을 초래할 수 있다. GMS를 미보유한 모바일 기기도, CTS 테스트를 통과할 수준으로 구현이 되어 있으면, Android Enterprise의 Managed Device를 활용할 때 순조롭다고 예상할 수 있다. GMS에 대한 기본정보는 https://www.android.com/gms/에서 찾을 수 있으며, CTS 관련 정보는 https://source.android.com/compatibility/cts/에서 확인할 수 있다.

또 하나의 이점은 모든 EMM 개발업체에 접근이 허용된다는 것이다. Android for Work 시대에는 AirWatch, SOTI, MobileIron등 글로벌 6개 업체 정도만이 가능했었다. 일반 스마트폰과 산업용 시장의 세분화도 쉽지 않았고, SOTI처럼 Android Plus라는 독보적인 기술을 보유한 개발업체들의 고객사들은 Android for Work에 군이 관심을 둘 필요가 없었다. 즉, MDM기능이 지금과 같지 않았던 것이다. 그러나 Android Enterprise부터는 다음의 업체들이 합류하였고, 더욱 다양한 업체들이 동참할 예정이다.

■ AirWatch

- AXSEED, Inc.

- I3 Systems, Inc.

- SoftBank Corp

- Invigo

- Miradore

- MobileIron

- Cortado Mobile Solutions

- Codeproof Technologies Inc.

- VXL Instruments Limited

- Breezie

- Sophos Ltd.

- Sicap

- UBT Ltd

- XNOOVA

- Appaloosa

- Okta

- Pulse Secure

- Aranda Sofrware Corp

- Cisco Systems Inc.

- Zoho Corporation

- SOTI

- MOBILTEC

위에 나열된 EMM 업체들이 보유한 기능들은 불과 몇 년 전만 해도

Android for Work의 MDM 프로필보다 더 많은 요소들을 가지고 있었다. 하지만 이제는 더 이상 그렇지 않다. 현 시점에서 메이저 EMM 업체조차 Android for Work에서 진화된 Android Enterprise에 시장의 EMM 요구사항을 의존해야 하는 수준으로 역전되어 버렸다. 현재 Android Enterprise보다 EMM 핵심 기능이 앞선 상태로 안드로이드 시장 대응을 하고 있는 업체는 AirWatch와 SOTI 정도이다. 이 두 업체는 Android Enterprise의 기능들을 모두 보유하는 동시에, Google에서 아직 일원화하지 못한 특수 기능들을 추가적으로 보유하고 있다. SOTI의 경우, 이 추가 기능을 모듈화한 후 적용하여 Android Enterprise를 더욱 강화한 옵션을 제공한다. Android 8.0 이후의 시대를 맞이하게 되면, EMM의 추이는 여러 방향으로 나뉘어 기업 고객사의 선택과 트렌드에 따라 변화할 것이다. 필자가 종합한 업계 의견으로는, Android Enterprise가 사실상 미래의 기술 로드맵이 될 것으로 예상되고 있다.

웬만한 수준의 개발력만으로 시장에서 활동할 계획인 EMM 업체라면 사실상 Android Enterprise를 구현하는 것이 꼭 필요하고, 이를 간과한 업체는 업계의 흐름조차 모르는 상태에서 오갈 곳 없는 소프트웨어를 시장에 내놓을 확률이 높다. 이러한 기업들은 고객사가 수년간의 도입을 고려할 시 주의해야 할 대상들로 볼 수 있다. Android Enterprise를 제칠 수 있는 기술력을 가진 업체들이라면 다른 방식으로 OS를 제어할 수도 있겠으나, 결국 그러한 기술 또한 모든 검토항목이 OS로 귀속되므로 상당한 분량의 업무를 병행해야 할 것이다.

Android Enterprise의 영역을 다음의 표를 통해 살펴보그자 한다.

표 8-1 Android Enterprise 기능 분류표

1. 기업 권한 설정	안드로이드	Work 프로필	Work "매니지드 디바이스"	COSU	MAM	산업용 기기
1.1. DPC-first 워크 프로필 권한설정	5.1+	필수기능			필수기능	
1.2. DPC identifier 기기 권한설정	6.0+		필수기능	필수기능		필수기능
1.3. NFC 기기 권한설정	5.0+		옵션기능	옵션기능		옵션기능
1.4. QR code 기기 권한설정	7.0+		옵션기능	옵션기능		옵션기능
1.5. Zero touch 기기 권한설정	7.˙+(Pixel only)		옵션기능	옵션기능		옵션기능
1.6. 구글 계정 워크 프로필 권한설정	6.0+	옵션기능			옵션기능	
1.7. 구글 계정 기기 권한 설정	6.0+		옵션기능			

2. 기기 보안	안드로이드	Work 프로필	Work "매니지드 디바이스"	COSU	MAM	산업용 기기
2.1. 디바이스 보안 챌린지(지문인식, PIN등 추가 보안 레이어)	5.0+	필수기능	필수기능	필수기능		필수기능
2.2. 워크 보안 챌린지(추가 보안 레이어 - 워크모드 끄기 등)	7.0+	필수기능				
2.3. 고급 패스코드 관리	5.0+	옵션기능	옵션기능	옵션기능		옵션기능
2.4. 스마트 잠금 관리	6.0+	옵션기능	옵션기능	옵션기능		옵션기능
2.5. 지우기 및 잠금	5.0+	필수기능	필수기능	필수기능		필수기능
2.6. 규정 준수 강제집행	5.0+	필수기능	필수기능	필수기능		필수기능
2.7. 디폴트 보안 규정	5.0+	필수기능	필수기능	필수기능	필수기능	필수기능
2.8. COSU 보안규정	6.0+			필수기능		필수기능
2.9. SafetyNet 지원(구글 플레이스토어 등)	버전 해당무	옵션기능	옵션기능	옵션기능	옵션기능	옵션기능

2.						
2.10. 의무 Verify apps	5.0+	옵션기능	옵션기능	옵션 기능	옵션 기능	옵션기능
2.11. 다이렉트 부트 지원	7.0+	옵션기능	옵션기능	옵션 기능		옵션기능
2.12. 하드웨어 보안 관리	5.1+		옵션기능	옵션 기능		옵션기능
2.13. 기업 보안 로깅	7.0+		옵션기능	옵션 기능		옵션기능

3. 구글 플레이 앱 관리	안드로 이드	Work 프로필	Work "매니지드 디바이스"	COSU	MAM	산업용 기기
3.1. 매니지드 Google Play 기업 계정 등록	버전 해당무	필수기능	필수기능	필수 기능	필수 기능	필수기능
3.2. 매니지드 구글플레이 계정 권한설정	5.0+	필수기능	필수기능		필수 기능	
3.3. 매니지드 구글플레이 기기 계정 건한설정	5.0+			필수 기능		필수기능
3.4. 레거시 기기의 매니지드 구글 플레이 계정 권한설정	5.0 and below				필수 기능	
3.5. 앱 강제 배포	버전 해당무	필수기능	필수기능	필수 기능	필수 기능	필수기능
3.6. 매니지드 구성 관리	5.0+	필수기능	필수기능	필수 기능	필수 기능	필수기능
3.7. 앱 카탈로그 관리	버전 해당무	필수기능	필수기능	필수 기능	필수 기능	필수기능
3.8. 계획에 따른 앱 승인	버전 해당무	옵션기능	옵션기능	옵션 기능	옵션 기능	
3.9. 기본 스토어 레이아웃 관리	버전 해당무	필수기능	필수기능		필수 기능	
3.10. 고급 스토어 레이아웃 구성	버전 해당무	옵션기능	옵션기능		옵션 기능	
3.11. 앱 라이선스 관리	버전 해당무	옵션기능	옵션기능	옵션 기능	옵션 기능	
3.12. 구글 호스트 기반 사설 앱 관리	버전 해당무	옵션기능	옵션기능	옵션 기능	옵션 기능	
3.13. 자가 호스트 기반 사설 앱 관리	버전 해당무	옵션기능	옵션기능	옵션 기능	옵션 기능	
3.14. EMM Pull 알리미	버전 해당무	옵션기능	옵션기능	옵션 기능	옵션 기능	옵션기 능
3.15. 플레이 EMM API 사용 요구사항	버전 해당무	필수기능	필수기능	필수 기능	필수 기능	필수기능

4. 기기 관리	안드로이드	Work 프로필	Work "매니지드 디바이스"	COSU	MAM	산업용 기기
4.1. 런타임 허가 정책 관리	6.0+	필수기능	필수기능	필수기능		필수기능
4.2. 런타임 허가 승인 상태 관리	6.0+	필수기능	필수기능	필수기능		필수기능
4.3. WiFi 구성 관리	6.0+	옵션기능	옵션기능	옵션기능		옵션기능
4.4. WiFi 보안 관리	6.0+	옵션기능	옵션기능	옵션기능		옵션기능
4.5. 고급 WiFi 관리	6.0+		옵션기능	옵션기능		옵션기능
4.6. 계정 관리	5.0+	옵션기능	옵션기능	옵션기능		
4.7. G Suite 계정 관리	5.0+	옵션기능	옵션기능			
4.8. 보안 자격 관리	5.0+	옵션기능	옵션기능	옵션기능		
4.9. 고급 인증서 관리	7.0+	옵션기능	옵션기능	옵션기능		
4.10. 위임된 권한 관리	5.0+	옵션기능	옵션기능	옵션기능		
4.11. 고급 VPN 관리	7.0+	옵션기능	옵션기능	옵션기능		
4.12. IME 관리	5.0+	옵션기능				
4.13. 고급 IME 관리	5.0+		옵션기능	옵션기능		옵션기능
4.14. 접근성 서비스 관리	5.0+	옵션기능	옵션기능	옵션기능		옵션기능
4.15. 위치 공유 관리	5.0+	옵션기능				
4.16. 고급 위치 공유 관리	5.0+		옵션기능	옵션기능		옵션기능
4.17. 공장초기화 방지 관리	5.1+		옵션기능	옵션기능		옵션기능
4.18. 고급 앱 콘트롤	5.0+		옵션기능	옵션기능		옵션기능
4.19. 스크린 캡쳐 관리	5.0+	옵션기능	옵션기능	옵션기능		옵션기능
4.20. 카메라 차단	5.0+		옵션기능	옵션기능		옵션기능
4.21. 네트워크 통계 수집	6.0+	옵션기능				

4. (계속)	안드로이드	Work 프로필	Work "매니지드 디바이스"	COSU	MAM	산업용 기기
4.22. 고급 네트워크 통계 수집	6.0+		옵션기능	옵션기능		옵션기능
4.23. 기기 리부팅	7.0+		옵션기능	옵션기능		옵션기능
4.24. 시스템 라디오 관리	7.0+		옵션기능	옵션기능		옵션기능
4.25. 시스템 오디오 관리	5.0+		옵션기능	옵션기능		옵션기능
4.26. 시스템 시계 관리	5.0+		옵션기능	옵션기능		옵션기능
4.27. 고급 COSU 기능	6.0+			옵션기능		옵션기능

5. 기기 유용성	안드로이드	Work 프로필	Work "매니지드 디바이스"	COSU	MAM	산업용 기기
5.1. 매니지드 권한 커스터미제이션	7.0+	옵션기능	옵션기능	옵션기능	옵션기능	옵션기능
5.2. 기업 커스터미제이션	7.0+	옵션기능				
5.3. 고급 기업 커스터미제이션	7.0+		옵션기능			
5.4. 화면 잠금 메세지	7.0+		옵션기능	옵션기능		옵션기능
5.5. 정책 투명성 관리	7.0+	옵션기능	옵션기능			
5.6. 교차 프로필 연락처 관리	7.0+	옵션기능				
5.7. 교차 프로필 데이터 관리	6.0+	옵션기능				
5.8. 시스템 업데이트 정책	6.0+		옵션기능	필수기능		필수기능
5.9. 작업 잠금 모드 관리	5.0+			필수기능		필수기능
5.10. 연속 선호 활동 관리	5.0+	옵션기능	옵션기능	옵션기능		옵션기능
5.11. 키가드 기능 관리	7.0+	옵션기능				
5.12. 고급 키가드 기능 관리	5.0+		옵션기능	옵션기능		옵션기능
5.13. 원격 디버깅	7.0+		옵션기능	옵션기능		옵션기능
5.14. MAC 주소 회수	7.0+		옵션기능	옵션기능		옵션기능

Android Enterprise가 안드로이드 운영체제의 EMM을 이끌어가게 되면, 기존 EMM 업체들은 어디서 차별화를 나타내는지 질문을 던져 볼 수 있다. Android Enterprise를 논할 때 지원되는 기능만 바라보 게 될 수 있는데, 결코 가볍지 않은 차이점들을 다음과 같이 정리할

수 있다.

- 각 EMM 솔루션들의 User Interface 디자인
- 기기 정보 이외 영역의 데이터 응용 기술
- 정책 기능들의 적용 범위
- BYOD 및 산업시장 등 총체적 모바일 영역 지원에 기본으로 분류될 수 없는 특수 기능
- 리포팅 및 애너리틱스
- 글로벌 서드파티 솔루션 연동 수준
- 보안 프로토콜 적용 수준
- 다양한 변화 대응을 위한 Scripting Engine 구현 수준

안드로이드 7.0 누가(Nougat)는 EMM의 세대버전에 상당한 의미를 가지고 있고, 그 여파는 유저들이 느낄 수 있든 그러지 않든 굉장한 파급력을 가하였다. EMM은 지금보다 훨씬 더 보편화된 솔루션이 될 것이며, 개발업체의 발주팀을 통하지 않고 온라인 결제로 다운로드 받아 바로 사용할 수 있을 정도로 상품화될 것이다. 이렇게 되면, 개발 업체들의 사업모델도 변화하고, 기업들의 소싱 경로도 달라질 수밖에 없다. 국내 시장의 경우 고객사는 비용 절감을 위해, 개발사는 수주를 위해, 사각지대에 놓인 '지원' 및 '서비스'를 지금도 무상으로 제안을 주고 받고 있다. 반면, 글로벌 EMM 업체들은 이러한 지원과 서비스를 사업구조에서 제외하고 있는 추세다. 'Commodify', 즉 '상품화'가 되어 맞춤형 서비스를 항상 대비하는 것이 아니다. 필요한 고객사는 해당 솔루션을 테스트 후 구매하여 자력으로 학습하고 사용하는 구조로

변화하고 있다는 의미다. 문제는 네트워크, 서버, 모바일 영역을 실시간으로 교차하는 EMM 솔루션을 고객사 스스로 습득하려면 해당 영역의 전문가 직원 여러 명이 밀착해 작업을 해야 한다. 물론 원격서비스 혹은 콜센터 지원 정도는 받아가며 할 수 있으나, 예전처럼 공급사가 직접 지원을 하던 시절과 비교하면 현실이 답답하게 느껴지기도 한다. 하지만 각 개체마다 사정이 있으므로, '가용한 범위'에서 방법을 찾아 안정적인 도입을 하는 것이 미래를 준비하는 지혜라고 필자는 말하고자 한다. 이러한 소싱에 대해 다음과 같은 비교 대조를 해 본다.

표 8-2 EMM 도입 고려사항 비교

비교 항목	글로벌 솔루션	시장 진입 솔루션 / 소프트웨어
시장성	수주 이력 및 시장 활동 왕성	보유 고객사 200개 미만
서버 퍼포먼스	대규모 도입 경험으로 인해 안정적	서버 과부하/통신 속도 저하 발생 리스크 경로 다양
운영체제 변화 대응	운영체제 선대응 기본	운영체제 변화 선대응 불가
모바일 기기 API 접근성	EMM 개발사와 모바일 제조사 간 양해각서 체결을 통한 상시 대응	모바일 제조사가 해당 EMM의 시장성을 못 느낄 시 지원 거부
고객사 인터페이싱	인터페이싱 미제공	인터페이싱 제공
서드파티 연동	시장 요구사항 준비 상시 완료 가용한 옵션만 고려 후 선택	대응 준비 미비 단, 협상 시 모든 요구사항 수렴
각종 서비스 및 지원	큰 규모 아닐 시 유상 지원	대부분 무상 지원
라이선싱 가격	최소 10,000대부터 개별 협상 이하 수량은 가격정책에 맞춤	가격 협상 공간 넓음

도입 후 유지보수	모든 이슈 핸들링에 대한 프로세스 정립	예측 불가 문제 발상 리스크 높음/ 모바일 제조사 협조 부진 시 해결 매우 어려움

EMM은 기업의 모바일 프로세스를 지배한다. 도입을 하면 해당 솔루션에 맞추어 인력을 육성하고 프로세스를 수립해야 한다. 모바일 기기 수량과 관련 임직원 등 대상이 많아질수록 수개월의 프로세스 안정화가 요구될 수도 있다. 이는 자원 투자와 직결된다. 이러한 현실이 시사하는 바는, 어떤 EMM 솔루션이 소프트웨어와 라이선스를 무상으로 제공한다고 할지라도, 실제 문제는 그 이후가 훨씬 더 크게 발생할 수 있음을 도입 담당자는 필히 인지해야 한다. 오히려 라이선스 가격 부분은 아주 경미해질 수도 있으므로, 단기 실적을 바라는 마음에 휩쓸려 위험한 선택을 하지 않도록 주의해야 한다. 최소한 EMM 공급업체는 안정성을 개런티 할 수준은 되어야 하고, 고객사는 인프라와 네트워크 환경이 모바일 도입에 하자를 유발하지 않도록 관리가 잘 되어야 한다. 이 정도가 되면 문제가 발생해도 수습에 시간이 오래 걸리지는 않을 것이다.

결론적으로, 각 모바일 운영체제에 해당하는 EMM은 계속 진화하고 있고, 시장상황도 급변하고 있다. 1년 전에 소싱을 검토하다 멈추었다면, 다시 시작할 때에는 RFI(Request for Information: 자료요청) 단계에서부터 다시 신중해야 한다. 책임질 수 없는 제안이 어디서 나올지 바로 예측하기 쉽지 않으므로, 공급업체가 고객사를 맞춰야 하는 관점을 조금은 벗어나, 공급업체의 솔루션을 파악하여 현실에 맞추는 관점을 더하면 안전한 결과를 얻는 데 도움이 될 수 있다. 비용을 지불하므로 모든 요구를 강요할 수 있다는 생각 또한 내려놓을 때가 되었다. 모바일이라는 동물은 다른 IT구성요소들보다도 더욱 더 상황에 따라 수많은 형태로 고객을 철저히 외면할 수 있기 때문이다. EMM의 구현 상태, 시장경험, 가격, 지원 및 유지보수의 균형이 잘 맞는 선정을 할 수 있기를 희망한다.

B. iOS의 기업 모빌리티

'5장 모바일 관리유형'에서 iOS의 주요 MDM 원리를 소개한 바 있다. iOS는 기업 사용에 적용되는 영역을 과도한 변화없이 점진적으로 진화시켜 나가고 있다. 애플의 iOS 11 배포와 더불어, 기업 모바일 관리의 로드맵을 WWDC 2017을 통해 선보였다. iOS 11은 증강현실(AR) 앱, 머신러닝, 언어 프로세싱의 API를 지원할 예정이고, 이 영역들은 기업 시장에서 곧 가파른 성장곡선이 예상되는 분야들이다. 새로운 MDM 기능들이 WWDC 2017 세션에서 다루어졌고, 곧 문서화되어 애플의 도움말 및 미디어 자료들로 업데이트되었다. 아래 소개 내용들이 시사하는 바는 기능의 진화가 현 버전인 10.3을 토대로 이루어졌고, iOS의 미래 또한 이러한 패턴에서 이탈하지 않을 것이라는 점이다. 애플의 정책은 업계 전문가들도 멀리 예측을 하기가 어려운 특성이 있어, 단기적 관점으로 기술하였다.

■ iOS 10.3의 주요 MDM 특성

■ Apple TV는 Device Enrollment Program 지원

- Single App 모드 혹은 Conference Room 모드를 적용하여 AirPlay와 앱 페어링을 통제할 수 있다.

- iOS 10.3까지는 유저가 수동으로 승인해야만 했던, 인증서 기반의 구성 프로필 설치가 MDM Enrollment Profile을 통해 예외적으로 적용 가능
  - Social Engineering을 경로로 하는 악성 프로필을 최소화한다는 개념이다.
- iOS의 MDM은 화이트리스트 된 WiFi 네트워크만을 통해 'Supervised-Mode' 기기 통제 가능
  - 이 기능은 WWDC 2017에서 수차례 박수갈채를 받을 정도로 보안성이 즉각 인정되었다.
- 강사의 iPad가 학생의 iPad를 사용할 수 있도록 하는 'Classroom' 앱은 BYOD에서 즉각적으로 사용 가능
  - 기존에는 강사와 학생 모두 기기를 Apple School Manager에 등록하고 서드파티 MDM서버를 사용해야 했다.

■ iOS 11의 MDM 하이라이트

- ASM(Apple School Manager)가 새로운 UI와 더 많은 유저 기능 및 MDM 기능을 탑재
  - 그중 가장 두드러지는 특성은 Volume Purchase Program(VPP) 업데이트
  - VPP는 ASM에 연동되어 라이선스 관리가 더욱 논리적으로 진화
- 어떤 기기에든 적용할 수 있는 DEP
  - 오직 허가된 리셀러/판매자를 통해 기업사가 직접 구매를 했어야 했던 DEP가 어떤 단말기에라도 가용
  - DEP는 기업계정에 영구적으로 연계되므로 30일의 권한설정 기간이 주어짐
- iOS 업데이트가 Supervised Mode에 잠긴 기기에도 푸시적용 가능.
- Supervised Device에서만 가능했던 통제 기능이 일반 MDM 방식으로 등록된 기기들에 적용

- 2015년에 애플이 이 적용을 발표했으나 3년 만인 2018년도에 적용될 것임
- 통제 범위: 앱 설치, 앱 제거, FaceTime, Safari, iTunes, 콘텐츠, iCloud 문서/데이터, 멀티플레이어 게이밍 등
  - 오직 유선 연결(USB 혹은 Ethernet)에서만 MDM 명령어 실행
- 이 개선으로 OS, 앱, Book 설치가 Wi-Fi망에서 진행되는 것을 막을 수 있음
- macOS Server가 무조건 요구되었던 '콘텐츠 캐싱 서비스'도 더불어 병행될 것이고, 이 서비스는 macOS Server 요구사항을 넘어 macOS 10.13 High Sierra에 탑재될 예정
  - Apple TV는 스크린 레이아웃, 앱, 콘텐츠 구성을 제어할 수 있는 기능 탑재
  - iOS 10.3의 WiFi 제어 기능 위에 iOS 11에서는 'VPN 제어' 기능 추가

이와 같이 Apple MDM은 지속적으로 새로운 기능을 추가할 것이고, 새로운 버전의 OS에 적용된 예외 항목은 지금과 같이 없을 것으로 예상된다. 세세한 항목들을 진화 과정을 살펴보면, 지난 2년 간 애플은 BYOD 사용과 이에 대한 지원이 정체되고, 기업과 기관 사용 목적의 모바일에 대한 지원은 더욱 확장되는 추세로 보인다. BYOD 지지자들에게는 다소 실망스러울 수도 있겠으나, 기업이 모바일을 도입하는 비율이 가속화되는 시대의 니즈를 통해 진화하는 순리임을 누구나 알 것이다.

C. Internet of Things

사물인터넷으로 완성된 시스템과 프로세스를 뉴스에서 접할 수 있지만, 아직까지 공통적으로 자리잡은 개념은 가까이에서 접하기 어렵다. 이는 전 세계적으로도 공통이어서, 솔루션 혹은 SI분야에 오래 종

사한 전문가들은 신규 IoT 시스템이 곧 온다고 하면, 직접 테스트 하기 전까지는 믿지 않는 현상이 일반적이다. 그러나 기업들이 인지해야 할 것은, 보이지 않는 곳에서 맹렬히 많은 개발들이 실제로 이루어지고 있어 진취적으로 진행하면 도입할 수 있는 IoT 시스템이 멀지 않은 곳에 있다. 모바일과는 달리 IoT는 솔루션화되기 굉장히 어렵다. 일단 Thing으로 구분될 수 있는 사물의 유형이 너무도 다양하고, 프로토콜도 훨씬 더 방대하기 때문이다. 더불어 아직은 시장의 IoT 요구사항도 정형화된 것이 거의 없어, IoT 개발업체가 직면하는 리스크는 예전과 수준이 다르다. 이러한 개발 과제는 EMM 업체에도 동일하게 적용된다.

글로벌 EMM 업체들은 2016년도부터 IoT를 선언해 왔고, 공통적인 통계 인포그래픽을 항상 전면에 내세웠다. '2025년까지 250억개 IoT 연결이 생성될 것'이라는 포캐스트가 대표적이다. 여기에 추가되는 맥락은 '2020년까지 스마트폰 개통이 지금보다 30% 이상 증가한다'이다. 이러한 반복되고 뻔해 보이는 통계 뒤에는 무시할 수 없는 요소가 있다. EMM 플랫폼을 가진 업체들은 IoT 사물들이 전송하는 데이터를 수집할 수 있는 기반을 기존 솔루션에 추가하는 것만으로도 차세대 솔루션으로 확장이 용이하다. 메이저 EMM 업체일수록 이미 보유한 고객사가 굉장히 많다.

수많은 IoT 사물의 세계가 다가옴에 있어, EMM 관점에서는 모바일과 IoT 사이의 '허리 역할'을 하는 현존 기기들이 있고, 이들의 성공적인 시장도입을 통해 IoT의 하드웨어들이 더욱 자연스럽게 흡수될 것을 전망한다. 크게 다음과 같다.

스마트워치

웨어러블의 핵심요소로 시작하여, 제품의 실효성이 화두에 오르는 시절도 있었다. 현재는 애플워치를 선두로 삼성 기어 등 다양한 스마트워치 제품군들이 점점 더 강력히 진화하고 있다. 현 시점의 스마트워치 운영체제들은 다음과 같다.

표 8-3 스마트워치 분류

운영체제	모바일 운영체제 호환
WatchOS3	iOS
Tizen OS	Android/iOS
Android Wear 2.0	Android/iOS

시중에 있는 제품들을 종합해 보면 다음과 같다.

- 애플워치3
- 삼성기어 S3
- LG 워치 스타일/스포츠
- 아수스 젠워치3
- 화웨이 워치2
- 2세대 모토360

개인 휴대를 넘어, 기업에서는 다음과 같은 용도로 꾸준히 마케팅되고 있다.

- 기업 정보 수송신 및 알리ㅁ
- 인벤토리 트래킹 전용
- 문서 승인
- 임직원 및 기업자산 위치 추적
- 로그인 QR코드 인증

병원 등의 헬스케어 시장 영역은 더욱 독보적인 응용으로 도입을 연구하고 있으나, 데이터 애플리케이션의 복잡성으로 아직은 태블릿을 전송 통로로 사용하고 있다. 사용자 인터페이스에 대한 한계성을 극복할 시, 특정 분야에서 기업 도입에 유용한 툴로 전망되고 있다.

스마트 글래스

구글 글래스가 론칭된 후 처음에 여러 문제를 직면하여 한국에서는 정식 수입과 판매가 이루어지지는 못했다. 역할은 스마트폰과 동일하고 플랫폼과 운영체제도 차이점이 없다. 하지만 한 손을 사용하는가, 손을 전혀 사용하지 않는가에서 유저 용도를 크게 가른다는 장점이 있다. 기업의 프로세스에는 적지 않은 영향을 미칠 수 있는 잠재력이 있다.

 Vuzix M300

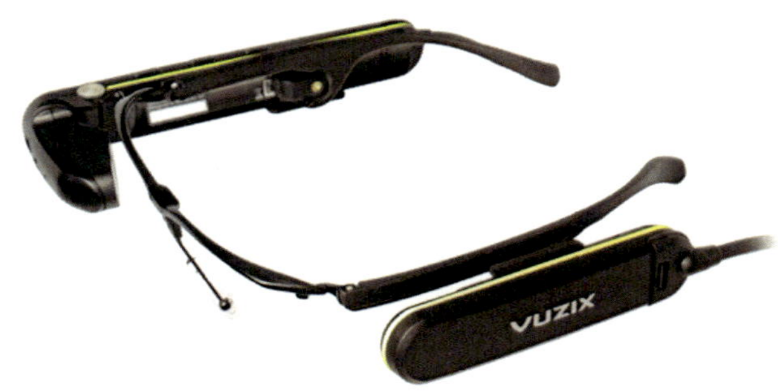

이러한 구글 글래스에 맞서 초기 스마트 글래스 시장에 진입한 브랜드는 Vuzix이다. 첫 제품은 안드로이드 4.0을 탑재한 M100 모델로 시작하였고, 만만치 않은 도입기간을 거쳐 지금은 증강현실(AR)을 지원할 수 있는 듀얼 글래스 모듈 제품까지 선보이고 있다. 구글과 Vuzix 외 7개 이상의 스마트 글래스 제조사가 존재하지만, 대부분 공식 론칭이 불분명하여 Vuzix는 실제 공급 가능한 극소수의 브랜드로 자리잡고 있다. 차세대 안드로이드 OS를 탑재하므로 LTE통신을 제외한 대부분의 기능들이 스마트폰과 동일하다. 스마트 글래스는 키패드가 탑재되어 있지 않고 스타일러스 패드가 측면에 내장되어, 손가락으로 알파벳을 선택하여 입력하는 제한적인 방식이다. EMM이 도입되면 이러한 불편을 해소하고 모든 프로세스를 원격과 자동화로 통제할 수 있다는 뺄 수 없는 이점이 결합되는 제품군이다. 현재는 고가 포지셔닝이 된 IoT 사물로 분류되고 있다.

Vuzix는 기업시장 전략을 통해 AirWatch, SOTI, Blackberry 등 EMM 강성들과 파트너십을 맺어, 이미 상당수 국가에서 EMM과 결합한 상태로 다양한 기업 요구사항을 소화하고 있어 장기적 B2B 사업 성장이 전망된다.

모바일 프린터

물류/배송을 시작으로, 2인치에서 4인치 너비의 모바일 프린터는 PDA제품군과 더불어 산업시장에 큰 기여를 하고 있다. 또한 특수 목적의 프린팅을 지원하는 제품들도 주변에서 어렵지 않게 찾아볼 수 있다. 이제는 전용 운영체제를 보유한 제품들도 있어 진보된 연결 기능, 폭넓은 기기 관리 및 개인정보 제어 기능을 모두 갖출 수도 있다. 펌웨어와 더불어 개발자 도구와 유틸리티까지 가용하여, 강력하고 지능적인 인쇄 솔루션을 그 어느 때보다도 쉽게 개발하는 유동성의 시대이고, 이 또한 IoT의 방향으로 흐르고 있다. '사물로써의 연결' 관점에서, 다음과 같은 도전과제를 EMM을 통해 해소할 수 있다.

- 프린터의 운영체제 업데이트
- 프린터 권한설정/워크플로우 최적화
- 기기 가용성 및 에러의 통합 모니터링

모바일 프린터와 같은 기기들을 각 유저의 조작에 의존한다면 전반적인 관리도 사실상 불가하며, 문제에 대한 가시성과 분석도 현저히 떨어질 수밖에 없다. EMM이 모바일 프린터에 접목하게 된 계기도 이러한 요소들이 기업표준에 맞춰지고 기기 퍼포먼스, 보안, 암호화가 일원화되어야 했기 때문이다. 무선 혹은 모바일 기기는 항상 보안, 블루투스, IP 서브넷 요구사항을 마주할 때 추가적인 어려움을 제공하므로, 이에 대한 솔루션이 항상 필요하다. 이러한 모바일 프린터도 IoT 시대의 초석을 다져가고 있다.

다가오는 사물들

필자가 이 책에 자주 쓰는 표현 중 하나인 '2017년도 현 시점', 이 표현은 IT, 특히 모바일 업계의 급변을 의식하여 사용하게 되는 것인지도 모른다. 3개월마다 새로운 소식과 업데이트가 사방에서 등장하는 EMM영역에 대한 내용을 다루는 마음 또한 집필 내내 편치 않다. IoT 또한 이러한 괴리감이 예외는 아니므로, 2017년을 언급하며 내용을 시작하겠다. 2017년 현재, IT업계에서 10년 이상 활동한 분들은 IoT 솔루션 제안을 받으면 의혹어린 시선을 보낸다. 아직은 실체가 충분히 없고 개념적 서술들이 지배적이기 때문이다. 필자는 IoT의 현실을 다음과 같이 본다.

- 사물 모듈 완제품
- 사물 프로토타이핑/개발키트/반제품
- IoT 플랫폼
- Big Data

모바일 기기 모델만도 수백 개가 유통되고 있는 지금, 그 모델들은 노력하면 대략적인 하드웨어 스펙까지 암기할 만도 하다. IoT 사물은 이미 불가해 보인다. 무엇이 표준으로 자리잡을지도 예측불가한 상태다. 단, 위 사업 카테고리들은 딱히 변동이 발생할 소지가 적어 보이므로, 실제 제품들보다 좀 더 큰 시야를 가지고 현실적인 초점을 잘 두어야 한다고 생각한다. 언젠가는 다가올 IoT 프로젝트를 대비하기 위해 필자는 초점을 'IoT 프로토콜'에 맞추었다.

이제 EMM에 연관된 영역에서만 소개하려고 한다. 이 책에서 IoT를 소개하는 가장 주된 이유는 현재의 EMM플랫폼에 'IoT 프레임워크'가 추가됨으로써, 지금부터 소개하는 프로토콜들이 한곳에 모여 모바일 기기와 더불어 더욱 확장된 데이터를 수집하는 것이 가능하기 때문이다. 'EMM의 미래'를 거론하는 데 있어, 아직 출시된 벤더 혹은 솔루션이 확실하지는 않다고 해도 IoT는 절대로 피해갈 수 없다.

LWM2M(Light Weight Machine to Machine) 프로토콜

LWM2M은 이름 그대로 소형 장치를 컨트롤하는 프로토콜이고, 센서 네트워크 및 Machine-to-Machine 환경을 위해 디자인 되어 있다. 데이터 통신에서 가장 많이 활용되는 XML은 오버헤드가 매우 크므로, 일반 텍스트 혹은 LWM2M-JSON 같은 포맷을 지원하도록 되어 있다. LWM2M은 바이너리 포맷인 CoAP 프로토콜과 DTLS(Datagram TLS) 보안을 사용하며, UDP 또는 SMS를 통해 전달된다. LWM2M 아키텍처는 다음과 같다.

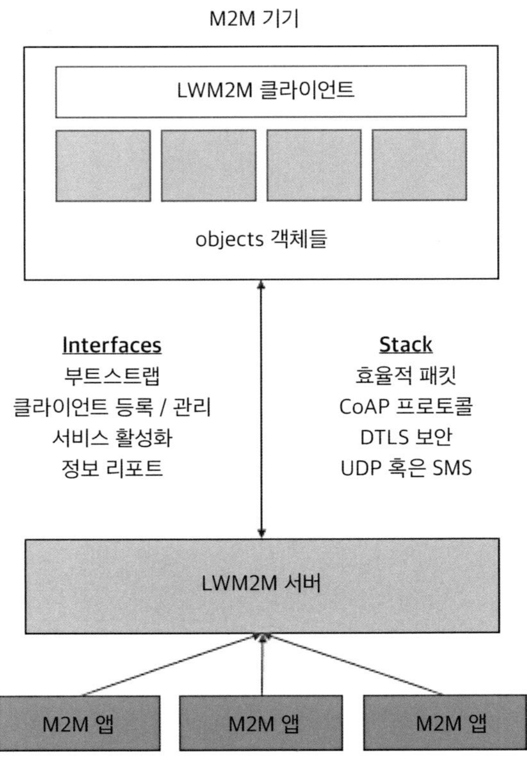

근거리 통신을 기반으로 하는 제품들은 이미 시중에 많이 등장한 상태다. 안정적으로 사업에 정착한 브랜드는 얼마나 되는지 아직은 평가가 매우 어려우나, 다음의 종류들이 소싱 가능하다.

- 화재경보기
- 온도감지기

- 습도감지기

- 홍수경보기

- 가스미터

- 대기순번기기

MQTT(Message Queue Telemetry Transport) 프로토콜

대역폭이 제한된 통신 환경(TCP/IP등)에 최적화해 개발된 'Push 기술' 기반의 메시지 전송 프로토콜이고, 역시 IoT에 맞게 경량이다. 기존의 클라이언트 - 서버 방식의 통신과 다른, 'MQTT 브로커'라는 통신매개 자를 통해 메시지를 브로드캐스팅하고, 다양한 클라이언트 기기들이 메시지를 받게 된다. 최소 2바이트 패킷 전송이 가능하고, 1초에 수천 개의 메시지를 전송할 수 있다. 또한 JSON 포맷 등을 사용해 긴 메시 지도 제한없이 처리 가능하므로 원격통신을 요구하는 분야에서 엄청 난 퍼포먼스를 발휘할 수 있다. 국내에서 유행하고 있는 아두이노, 라 즈베리파이 같은 임베디드 장치 간 통신에 MQTT는 아주 걸맞은 프 로토콜이다. 홈 오토메이션 등에서도 연구되고 있다.

현재 개발되어 있는 MQTT브로커 프로그램들은 다음과 같다. IBM MessageSight의 경우는 구매 가능한 어플라이언스로 제공되고, 클라 우드 및 오픈소스까지 3개의 기반으로 분류된다.

- Trafero Tstack

- mosquitto

- RSMB

- WebSphere MQ

- HiveMQ

- Apache Apollo

- Apache ActiveMQ

- Software AG Universal Messaging

- RabbitMQ

- Solace

- MQTT.js

- moquette

- mosca

- IBM MessageSight

- 2lemetry

- GnatMQ

- JoramMQ

- VerneMQ

- emqttd

- HBMQTT

- Mongoose

- emitter

- Bevywise IoT Platform

이들에 대한 특징비교는 Github에 소개되어 있으며, 링크는 다음과 같다. https://github.com/mqtt/mqtt.github.io/wiki/server-support MQTT의 산업분야 적용은 아래와 같이 표현할 수 있다.

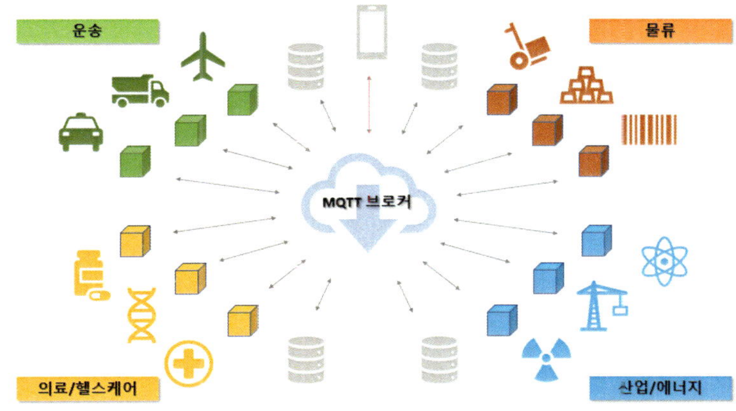

특히 대규모 메시징 시스템을 구축하려면 상당한 인력이 요구될 수 있는 분야이고, 메시징 서비스 인프라에 고가용성은 필수요소다. 이 때문에 대량의 데이터를 송수신함에 검증이 완료된 EMM 플랫폼에 연계될 시, 서비스를 이용함에 상당한 이점을 획득할 수 있을 것으로 전망된다.

REST API(Representational State Transfer Application Program Interface)

2000년도에 로이 필딩(Roy Fielding)의 박사학위 논문에서 최초로 소개된 API 이다. 로이 필딩은 HTTP의 주요 저자 중 한 사람으로 그 당시 웹(HTTP) 설계의 우수성에 비해 제대로 사용되지 못하는 것을 안타까워하며 웹의 장점을 최대한 활용할 수 있는 아키텍처로 REST를 발표했다. HTTP를 대체하는 프로토콜로 알고 있는 경우도 있으나 REST

는 결코 프로토콜이 아니다. <u>HTTP를 보다 HTTP답게 만들기 위한 방법론, 즉 네트워크 소프트웨어 아키텍처를 위한 '스타일'과 '디자인'으로써, 웹 애플리케이션의 동작 원리와 그 동작의 효율을 설명하는 '디자인 패러다임'이다.</u> 오늘날 구글, 아마존, 트위터와 같은 업체들의 주도하에 적극적으로 적용되어 표준으로 점차 자리를 잡아가고 있다. REST는 자원(Resource), URI와 HTTP 메서드로 구성된다. 간단히 다음과 같이 표현할 수 있다.

표 8-6 REST API

이 REST API가 EMM의 IoT 연결성에 중요한 이유는, 이미 REST API는 EMM자체의 외부 연동에도 활용되어 왔으며, IoT 모듈 공급사의 다양성을 어렵지 않게 극복할 수 있는 장점이 있다. 비콘 센서, 스마트 온도센서, 스마트조명 및 프린터들이 이미 REST API를 공개하여 다양한 IoT 통합작업을 할 수 있도록 되어 있고, 속성을 컨트롤하므로 고객사가 원하는 기능을 구현하여, 폭넓은 분야들에서 IoT 솔루션들이 점차 등장하고 있다. 장점은 다음과 같다.

- 다양한 연결을 지원
- 필요한 요구사항에 맞춰 연동 가능

■ IoT 모듈의 유형에 따라 독립된 인터넷 노드 생성 가능

■ 통신 시 전송량이 적은 방식으로 부하 조절 가능

반면, 단점으로는 제공되는 API는 제조사가 공개하는 만큼만 사용이 가능하므로, REST의 성숙도에 따라 구현수준과 오류빈도가 좌우된다는 점이 있다. 라이선스가 GPL인 경우, 상업적 목적으로 사용될 시 소스코드와 모든 방법주석이 공개되어야 하는 부담 또한 불편한 점으로 작용할 수 있다.

D. 사물인터넷과 EMM 요약

EMM은 운영체제가 있는 모바일 기기와의 데이터 소통이고, IoT는 모바일 운영체제와는 비교도 안 될 정도로 가벼우나, 그 형체가 일원화되어 있지 않고, 파생범위가 헤아릴 수 없이 크다. 이 둘은 같은 통신을 하는 프로토콜도 다르다. 하지만 EMM은 이미 IoT를 핸들링할 수 있는 경험이 충분히 있다. 단, 운영체제와는 다른 개념의 개체이므로, '프레임워크'를 기존 솔루션에 추가하여, 최대한 많은 IcT프로토콜과 통신이 되도록 '드라이버'를 개발함으로써 모바일과 사물의 통신을 모두 통합할 수 있다는 잠재력이 있다. 이 부분이 'EMM의 미래'라는 내용을 다루며 독자들에게 전달하고자 하는 부분이다. 지금의 사물들을 살펴보면, 자체적으로 개발한 플랫폼 혹은 클라우드를 활용한 무엇으로 데이터를 저장 후 관리를 하는 방식이다. 개발의 수준도 파격적으로 선보인 사례를 찾기 힘들고, 거대 규모의 수주사례 또한 충분하지 않다. 그만큼 절대강자가 들어서지 못한 상태이고, 필자는 EMM이 가장 빠른 진입과 성장을 할 수 있다고 평가한다. 이유는 응용력

또한 이미 월등한 수준에 머물고 있기 때문이다.

E. 모바일과 인공지능을 결합한 솔루션

EMM 개발업체들과 다방면으로 활동을 많이 하는 한 제조사의 담당자 분이 어느 날 의견주시기를, 국내의 모든 EMM들은 하나같이 본인들이 한국에서 1등이라고 말한다는 점을 시사한 바 있다. 전투적인 회사 홍보와 PR활동은 존중하지만, 요즘처럼 명확한 근거 제시를 선호하는 추세에서도 그러한 접근이 얼마나 신뢰와 관계에 도움이 될까 필자도 생각해 본다. 그러나, 그러한 자사 공인 자부심이 난무할 수 있는 시간도 얼마 안 남았다. EMM 또한 4차 산업혁명 분위기를 타고 진화하여 등장하기 때문이다. 최근 모습을 드러내고 있는 북미 거점의 EMM 스타트업은 솔루션 구조부터 차세대로 설계하여 글로벌 시장에서 주목을 받고 있고, EMM 친밀도가 서구 국가 대비 떨어지는 아시아를 전략적으로 정조준하여 들어오고 있다. 모바일 시장의 쓴 맛을 본 경험이 있다면, 아시아는 초반에 진입하고 투자할 생각을 쉽게 할 수 없다. 오랜 경력자들이 뭉쳐, 각 아시아 국가별 특성을 잘 이해하고, 수익을 낼 수 있는 시장분야를 이미 잘 알고 있을 확률이 높다.

업계의 해외 소식을 종합한 내용들을 통해 소개하고자 한다. 이 업체는 과거 MDM시장을 선도했던 개발자들이 연합하여 제2의 EMM 역사를 쓰겠다고 선언했다고 한다. 솔루션 론칭전부터 수많은 고객사들에게 '무엇이 차세대 EMM인가'를 홍보했고, 일부 선진국가 기업들은 실제 환경 작동이 확인되자 가계약을 맺고 구매 협의까지 진행하였다. 론칭 전인만큼 기업명도 대외비로 관리되고 있어 동일하게 알려진 바 없으나, 솔루션은 'Project Shadow'로 알려져 있다.

핵심 개발자들은 대부분 AirWatch와 SOTI출신들이고, 현역 당시 수퍼스타라는 타이틀을 업계에서 달고 있었다고 한다. 이들은 각 EMM 솔루션들이 수년간 직면했던 다양한 한계점들이 제대로 해결되지 못한 채 버전 진화가 되고, 그에 따른 무수한 기술 이슈들을 상부의 압박으로 어쩔 수 없이 대응해 왔기에 심리적 염증이 심했던 상태에서 스타트업을 기획하기 시작했다. EMM 기업들의 약점과 불필요한 요소들을 모두 버리고, 시스템 아키텍처를 어느 시장에든 접목할 수 있도록 하이브리드 구조로 설계한 후, 핵심 요소들을 강화한 차세대 솔루션을 개발하였다. 그러나 이 정도로는 미래지향적 특성이 설명되지 않는다. 무엇이 있기에 4차 산업혁명 접목이 거론되는가? 요즘 모습을 계속 드러내고 있는 인공지능 제품들처럼, Project Shadow는 글로벌에서 최초로 시도된 인공지능 기반 EMM이다. 20년 이상 인공지능을 연구한 스탠퍼드 대학의 교수와 손잡은 후, 개발팀은 교수의 인공지능 알고리즘과 빅데이터 지원을 위한 시스템 수정과 A.I엔진 모듈화라는 큰 작업을 거치는 중이라고 한다. 2018년도 하반기에 일괄적으로 출시하게 되는 일정이 수립되었다.

Project Shadow의 EMM은 고객사 요구 확률이 가장 높은 필수 기능위주로 구현이 되어 있고, 복잡한 응용 구조는 간소화했다고 한다. 단, 인공지능 모듈 도입과 더불어 솔루션 목적과 초점이 '모바일 보안'이고, PES(Proactive Endpoint Security) 개념과 접목 시켜 시장 영역이 타

EMM과는 좀 다르다. 지금까지의 EMM 대비 알려진 차별화 포인트는
다음과 같다.

- 빅데이터 엔진
- 빅데이터 전용 데이터베이스
  - 관계형 데이터베이스 한계점 탈피
  - 사물인터넷의 데이터 항목 다양성 소화
  - 사물인터넷의 데이터 무결성 유지
  - Business Intelligence 접목
- 서버 OS 지원 다각화
  - Linux
  - Windows
  - MacOS
- 단일 UI로 모바일 및 사물 엔드포인트 통합 관리
  - 타 솔루션들은 복수, 다수의 사용자 인터페이스를 거치거나, 아키텍쳐를
    바꿔야 함
- 머신러닝 / 인공지능
- PES(엔드포인트 보안 능동 대처) 모듈을 통한 서버 액션

모바일 기기와 서버에서 발생하는 모든 이벤트를 AI엔진이 습득하고,
이에 대한 액션이 자체적으로 발생한다. 관리자가 정의한 고유 권한
영역 또한 학습하여 스스로 제한을 두도록 설계가 되어 있다고 한다.

지금까지 수집한 정보들에 대한 필자의 해석은 다음과 같다. Project

Shadow의 AI엔진은 모바일 기기가 연결되는 환경에서는 모든 것을 할 수 있다. 결국, 고객사 모바일 환경 전역이다. 매개값을 설정하지 않고, 함수를 정의할 필요도 없다. 모두가 흔히 알고 있는 빅데이터를 사용하여, 관리대상 데이터는 기기의 속성을 불러옴과 동시에 필드를 생성해 데이터베이스에 기록시키고, 다시 사용을 한다. 단일 콘솔에서 기기정보를 통합하려면 새로운 기기의 등장마다 새로운 유형의 속성을 불러와야 하는데, 이것을 할 수 있는 데이터베이스는 RDBMS가 아닌, NoSQL만이 가능할 것이다. 그렇기 때문에 기존 관계형 데이터베이스 기반의 EMM 솔루션들과는 근본 구조와 로직부터가 다를 수밖에 없다. 두 유형의 DB들은 장단점이 명확히 구분되어 있다. 단, 하드웨어 다양성 측면에서는 Project Shadow의 방향이 절대적으로 맞다고 생각한다. RDBMS 연결을 위해 파서(Parser) 혹은 어댑터를 개발해서 유사한 구현이 가능할 수 있겠으나, 관리항목이 폭등할 것이므로 효율성 면에서는 물음표이다.

경쟁사들이 모바일 관리에만 고착되지 않고 확장을 하기 위해 위 Project Shadow와 유사한 방향을 선택하게 된다면, 솔루션의 아키텍처를 처음부터 다시 구축하지 않는 한 현존 EMM들은 피할 수 없는 세대전환을 직면해야 할 것이다. 리더 기업은 EMM 심도도 매우 깊고, 기존에 판매를 해 놓은 고객들이 있으므로 2~3년 정도는 버틸 수 있을 것이나, 이런 전환점 대처를 위해 충분한 시간일지는 해당 기업 자신들만 느낄 수 있을 것이다. Project Shadow는 아직 데뷔도 안 한 벤처기업이고, 실제 솔루션을 보기 전까지는 그저 내용일 뿐이지만, EMM을 수없이 구축해 본 경험자들만 모아 놓은 팀이어서 내용에 허구는 보이지 않는다. 후발주자가 선발주자들의 약점을 모두 극복한 상태로 진입할 때, 지금의 EMM 선두들은 현실적으로 돌이켜 대응할 방안이 없다. 오직 새로운 강점을 만들어 시장점유율을 유지해야 한다. Project Shadow의 시장반응은 2018년 하반기에 확인될 것으로 예상된다.

포화된 스마트폰 시장에서, 이제 모바일 기기는 사물들의 통신 터미널 역할을 할 수 있는 '인텔리전스'로의 가치가 급부상하고 있다. 스마트폰의 하드웨어 스펙이 더 갈 곳이 없다는 대중의 시각을 넘어, 엄연히 운영체제와 각종 센서들을 보유한 모바일 기기는 확장서비스를 수행할 능력을 보유한 IoT 수행자 역할을 할 수 있게 된다. 오픈소스의 가공할 힘을 바탕으로 HTC까지 지난 2017년 9월에 인수하여 하드웨어 경쟁력까지 가진 구글은 자체 클라우드 IoT 플랫폼을 육성하고 있다. IoT 시장에서조차 자신들만의 고유한 생태계를 구축하고 있는 애플과 마이크로소프트, 모두 각각의 모바일 제품 및 전략으로 사물연결의 실현을 준비해 가고 있다. EMM은 이러한 생태계 리더들과 공생하며 진화를 해왔고, 모든 운영체제를 통합하는 솔루션을 보유하고 있다.

또한 사물연결로의 확장 대신 모바일을 강화하는 소프트웨어 엔진이 오히려 모바일의 자리를 더욱 굳혀갈 수도 있다. 다양한 분야가 개선될 수 있겠지만, 모바일과 네트워크 사이 영역에서의 '보안'은 점점 숙제가 많아지고 있다고 업계 전문가들은 평가한다. 가장 큰 운영체제 시장점유율을 보유한 안드로이드는 매번 운영체제를 배포할 때마다 보안강화를 꾸준히 해 왔다. 단, 이러한 보안은 결국 유저와 모바일 기기 차원에서 발전이 집중되었고, 모바일 기기가 집단규모로 커지는 기업 차원의 보안은 연관 요소가 이미 너무도 많고, 보안을 구현할 경로도 적지 않아 서드파티 소프트웨어가 활동할 영역은 아직도 충분하다고 필자는 생각한다.

결국 시장을 듣고 반응해 감으로써 떠오르는 트렌드들을 제한없이 대응할 수 있는 것이 EMM이기 때문에, 필자는 이러한 EMM 속성들을 최대한 많은 IT 담당자들께서 사전에 인지할 수 있기를 희망한다. 기업 모빌리티를 도입함에 작은 도움이나마 될 수 있기를 바라며, 이 장을 마감한다.

에필로그

이 책을 쓰는 동안 구석구석에서 발생하는 EMM의 진화를 두 차례나 겪었다. 돌이켜 보면, 일개 단일 저자가 현역으로 재직하며 집필을 하는 것 자체가 모바일 업계에서는 무리였다고 생각한다.

이 섹션부터는 형식을 내려놓고, 평소에 표현 못한 감사의 메시지를 남기고자 한다.

하나님의 이끄심으로 어떻게든 최신 정보로 마감을 할 수 있음에 감사를 드리고, 아빠를 찾는 아이들을 피해 수개월 간 주말을 비워어야 했던 남편을 배려해 준 아내에게 감사한다.

SOTI의 솔루션으로 함께 글로벌/국내 시장을 개발해 주시는 모바일 제조사 협력업체 Lenovo, Samsung, LG, Zebra Technologies, Honeywell, 블루버드, M3 모바일, 포인트모바일, Datalogic, Newland사

의 모든 분에게 다시 한 번 감사를 표한다.

한정된 소스와 저작권 때문에 머리 아팠던 사진들을 제공하는 데 선뜻 협조를 해 주신 또 다른 글로벌 모바일 제조 파트너 CipherLab사에 감사를 드린다.

국내 시장에서 SOTI 육성에 많은 기여를 해 주신 협력업체 나우티앤에스사, 버텍스아이디사, 인포맥스사에 평소 말씀 못드린 감사를 올린다.

산업용 모바일, 보안 그리고 자동화인식 분야 활성에 타의 추종을 불허하는 시도를 해 주시는 첨단사의 노고에 감사를 드린다.

마지막으로, 언제든 마음 편히 앉아 노트북을 펼 수 있게 해주고, 다양한 유기농 음료와 메뉴를 제공해 주신 개포동 크리스마스 자몽 사장님께도 감사의 메시지를 여기에 전하고자 한다.

참고문헌

Matt Adamson, "Gartner Shifts from MDM with their 2014 Magic Quadrant for EMM", 〈MDM Solutions News〉, 2014년 6월 9일

Sony Shetty, "Gartner Says More than 75 Percent of Mobile Applications will Fail Basic Security Tests Through 2015", 〈Gartner Newsroom〉, 2014년 9월 14일

"Knox supported MDMs", https://www.samsungknox.com/en/mdms/knox-workspace, 2017년 4월 12일

Jake O'Donnell, "Android for Work arrives without Knox technology", 〈TechTarget〉, 2015년 2월 27일

Jack Madden, "App "wrapping" with Mocana Mobile App Protection", 〈Brian Madden〉, 2012년 6월 7일

Jack Madden "NitroDesk TouchDown is the Android mail app used by many EMM vendors", 〈Brian Madden〉, 2013년 4월 11일

Ashley Troutman, "Unified Endpoint Management Tackles EMM,

MDM in New Year", 〈MDM Solutions News〉, 2016년 12월 29일

Martim Lobao, "Software Updates: A Visual Comparison Of Support Lifetimes For iOS vs. Nexus Devices", 〈Android Police〉, 2015년 9월 17일

"Mobile OS History", https://forum.xda-developers.com/showthread.php?t=1302189, 2011년 10월 13일

Dave Kind, "Smartphone Versus Rugged - Counting the real cost", 〈Rugged and Mobile〉, 2013년 10월 18일

Ben Camiel, "Top 20: Automatic Data Capture Suppliers", 〈Modern Materials Handling〉, 2016년 11월 7일

Ken Belson, "Motorola to Buy Symbol Technologies for $3.9 Billion", 〈The New York Times〉, 2006년 9월 19일

Samantha Evans, "Honeywell completes acquisition of EMS Technologies", 〈Weber Shandwick〉, 2011년 8월 22일

Richa Gupta, "Dissecting Honeywell's Intermec Acquisition: The Potential Road Ahead", 〈VDC Research〉, 2013년 2월 8일

Scott Moritz, "Zebra Pays $3.5 Billion for Motorola Tracking Technology", 〈Bloomberg〉, 2014년 4월 15일

Jada Kim, "Bluebird Soft Launched the World's First Android Handheld Lineup", 〈PRWEB〉, 2011년 9월 29일

John Wehr, "FreedomPay makes waves in contactless payment", 〈SecureID News〉, 2003년 1월 1일

Joao Rostli, "Visa PayWave and Mastercard PayPass certified NFC enabled smartphones", 〈NFC Phones〉, 2012년 8월 24일

GS1 Bar Code Verification Best Practice work team(May 2009). Global Standards 1(4.3): 23-32. Retrieved 2 August 2011.

Glenn LANGENBURG, "Are one's fingerprints similar to those of his or her parents in any discernable way?", 〈Scientific American〉, 2009년 4월 14일

Deepak Rajawat, "Tracing Ultrasonic Fingerprint Sensors And How They Really Work", 〈Smartprix〉, 2016년 6월 9일

L. Padilla, "Track format of magnetic stripe cards", 〈Grupo de Física de Altas Energías de la Universidad Complutense de Madrid〉, 2002년 12월 12일

"Smart Card Technology", http://www.smartcardalliance.org/smart-cards-intro-primer/?redirect=http%3A%2F%2Fwww.smartcardalliance.org%2Fsmart-cards-intro-primer, 2017년 3월 7일

"Voice of reason in the warehouse - WMS & Voice Picking Technology report October 2015", http://www.logisticsit.com/articles/tags/Voice, 2015년 10월 31일

"HABA relies on pick-by-voice", http://www.redaktionsserver.de/GOD-BM/Presse-Info_HABA/PR_GODBM_HABA.htm, 2011년 10월 5일

"The History of Windows CE:Windows CE 5.0", http://www.hpcfactor.com/support/windowsce/wce5.asp, 2001년 2월 18일

"The History of Windows CE:Windows CE 6.0 & into the future", http://www.hpcfactor.com/support/windowsce/wce6.asp, 2001년 2월 18일

"Dreamcase", http://sega.wikia.com/wiki/Dreamcast, 2017년 5월 1일

"Enterprise Users Brace for the Windows 10 Leap", 〈VDC Research〉, 2016년 10월 26일

Edwin Kee, "Panasonic FZ-E1 Runs On Windows Embedded 8 Handheld", 〈Ubergizmo〉, 2014년 2월 24일

Wan Lin, "MOTOROLA SOLUTIONS TO BRING WINDOWS EMBEDDED 8 HANDHELD-BASED DEVICES TO ENTERPRISE CUSTOMERS", 〈Motorola Solutions Enterprise / Press Release〉, 2014년 10월 27일

"Windows 10 Home vs Windows 10 Pro: the key differences explained", 〈Techradar〉, 2016년 9월 29일

"Smartphone OS Market Share, 2016 Q3", 〈IDC〉, 2016년 11월

Brenda, "Honeywell Introduces the FIRST Rugged Hand-Held with Android OS", 〈GS Solutions〉, 2012년 8월 8일

"Home Depot's Custom Smartphone Does Inventory And MPOS", 〈PYMNTS〉, 2015년 2월 12일

"The State of Enterprise Mobility: How Businesses are Using Mobile Apps", 〈SCANDIT〉, 2015년 7월 8일

"MDM에 멈춰선 국내 모바일 보안 시장", 〈데이터넷〉, 2016년 11월 30일

"How Can We Securely Access the Company's Network Using Mobile Devices?", 〈Huawei Enterprise BYOD Solution〉, 2017년 6월 3일

Holger Schulze, 〈BYOD& MOBILE SECURITY〉, Information Security Spotlight Report, 2016, Page 9-17

"Extramarital affair website Ashley Madison has been hacked and attackers are threatening to leak data online" 〈Business Insider〉 2015년 7월 21일

"VTech hack: Data of 6.4M kids exposed" 〈Reuters〉 2015년 12월 2일

Sabharinath Balasubramanian, 〈Market Analysis Perspective: Australia Enterprise Mobility〉, IDC Report, 2017, Page 16

"Frost & Sullivan Recognizes MobileIron's Leadership and Innovation with Product Line Strategy Leadership Award", 〈PR Newswire〉, 2017년 4월 27일

Compliant Product - VMware AirWatch Mobile Device Management v9.1, 〈NIAP〉, 2017년 2월 24일, https://www.niap-ccevs.org/Product/Compliant.cfm?pid=10733 (2017/4/11-접속날짜)

Samsung SDS EMM receives first-ever MDM PP V2.0 CC certification for both iOS and Android, 〈Samsung SDS〉, 2017년 2월 9일 https://www.samsungsds.com/global/en/about/news/1193145_1373.html (2017/4/11-접속날짜)

"Magic Quadrant for Mobile Device Management Software", 〈Gartner〉, 2011년 4월 13일

"SAP buys Sybase for $5.8 Billion", 〈Wallstreet Journal〉, 2010년 5월 13일

"Symantec acquires Nukona for MDM, mobile application control", 〈TechTarget〉, 2012년 3월 20일

"Citrix paying $355 million for Zenprise", 〈Fortune〉, 2012년 12월 7일

"SAP Closes Deal to Acquire MDM Maker Hybris", 〈eWeek〉, 2013년 8월 6일

"IBM Acquires Cloud EMM Vendor Fiberlink", 〈Forbes〉, 2013년 11월 13일

"What VMware's $1.54B AirWatch Acquisition Means For Enterprise Mobility", 〈Forbes〉, 2014년 1월 24일

"MobileIron CEO Q&A: Acquisitions, Channel and Mobile's Future", 〈MSP Mentor〉, 2014년 3월 13일

"MobileIron files for $100m IPO, outlines company future", 〈Enterprise Apps Tech〉, 2014년 4월 8일

"BlackBerry Acquires Good, Helps Stabilize Battered EMM Market", 〈Forbes〉, 2015년 9월 7일

"New CEO addresses MobileIron acquisition speculation", 〈TechTarget〉, 2016년 2월 1일

"Google: We want more Android users to set up work profiles on their personal phones", 〈ZDNet〉, 2017년 5월 11일

"Google will soon require Android for Work profiles for enterprise users", 〈TechRepublic〉, 2017년 5월 11일

"Android enterprise feature list." Android EMM Developers. Google Inc. 웹사이트 2017년 7월 12일

"Apple is upgrading millions of iOS devices to a new modern file system today", 〈The Verge〉, 2017년 3월 27일

"With iOS 11, Apple focuses on enterprise users", 〈Computerworld From IDG〉, 2017년 6월 16일

Steven Sinofsky, "WWDC 2017—Some Thoughts", 2017년 6월 11일, Medium

“Prepare Your Organization for Enterprise Wearables & Things”, 〈VMware EUC〉, 2017년 2월 16일

“Smartwatches and Wearables: How They Will Impact Business-to-Business Marketing”, 〈BNP Media〉, 2015년 11월 12일

“CENTRALIZED DEVICE MANAGEMENT HELPS DRIVE BUSINESS EFFICIENCIES”, 백서, 〈Zebra Technologies〉

“LIGHTWEIGHT M2M : Enabling Device Management and Applications for the Internet of Things”, 〈Open Mobile Alliance〉, March 2014

“LWM2M Integration Interview”(Joe Gordon, April 7th, 2017)

Douglas Gibbons. (2017). “Server Support” GitHub,

Guy Levin. 2017년 6월 18일. “7 Rules for REST API URI Design”, http://blog.restcase.com/7-rules-for-rest-api-uri-design/

“Google acquires HTC team in $1.1 billion agreement to beef up hardware division”, 〈Business Insider〉, 2017년 9월 20일

“EMM Artificial Intelligence Interview”(Michael Morrison, October 15th, 2017)